机器人应用技术

王晶晶　朱永丽　谢立夏　主编

北京理工大学出版社
BEIJING INSTITUTE OF TECHNOLOGY PRESS

内 容 简 介

本书在编写过程中注重理论系统，内容由浅入深，力求提高可读性，在内容选取方面考虑了学生特点和工作岗位的需求，突出实际应用性。

本书采用项目式结构，共分为八个项目，主要内容包括概述、机器人运动学认知、机器人机械机构认知、机器人动力系统认知、机器人控制系统认知、机器人感知系统认知、机器人视觉技术认知、机器人应用实例。各项目中均包含一个项目工单，学生完成项目工单中的任务后，方便老师对完成结果进行检查与评估，记录产生问题的原因，解决问题的办法。工单最后还设置了能力提高部分，帮助学生巩固理论知识点，通过实践提升技能。

本书可作为高等院校工业机器人、机电一体化技术自动化、智能控制技术、智能制造类专业用教材，也可作为从事工业机器人操作、编程、设计和维修的工程技术人员的参考书。

图书在版编目（ＣＩＰ）数据

机器人应用技术／王晶晶，朱永丽，谢立夏主编
. －－北京 ：北京理工大学出版社，2023.12
ISBN 978-7-5763-3171-4

Ⅰ. ①机… Ⅱ. ①王… ②朱… ③谢… Ⅲ. ①机器人技术-高等职业教育-教材 Ⅳ. ①TP24

中国国家版本馆 CIP 数据核字（2023）第 232912 号

责任编辑：陈莉华　　文案编辑：陈莉华
责任校对：刘亚男　　责任印制：李志强

出版发行／北京理工大学出版社有限责任公司
社　　址／北京市丰台区四合庄路 6 号
邮　　编／100070
电　　话／（010）68914026（教材售后服务热线）
　　　　　　（010）68944437（课件资源服务热线）
网　　址／http://www.bitpress.com.cn

版 印 次／2023 年 12 月第 1 版第 1 次印刷
印　　刷／涿州市新华印刷有限公司
开　　本／787 mm×1092 mm　1/16
印　　张／12.5
字　　数／292 千字
定　　价／79.00 元

前 言

机器人作为当前最热门的技术之一，处于产业化的风口。机器人既是核心技术，又是核心技术的载体，它的身份和作用不言而喻，因此，已经成为世界各国战略布局的焦点，加快推动机器人发展已成为共识和国家战略。机器人应用技术是一门多学科综合交叉的学科，它涉及机械、电子、力学、控制理论、传感检测、人工智能、计算机和互联网技术，已大量应用于汽车制造行业、毛坯制造、机械加工、焊接、装配、检测、采摘等作业中。比尔·盖茨曾预言，机器人将重复个人电脑崛起的道路，成为下一个改变世界的技术。近年来，机器人在我国迅猛发展，"机器换人"势不可挡，已成为潮流。但是，机器人"热潮"的背后是一个巨大而急切的人才缺口。机器人人才的培育是一项重要工程，除了机器人研发高端人才外，还需要大批机器人使用、维护保养、二次开发等人才。人才的培育首先需要好的教材和参考书籍。本书在编写过程中力求做到"理论先进，注重实践，操作性强，学以致用"，突出实践能力和创新素质的培养，是一本从理论到实践，再从实践到理论全面介绍机器人技术应用的图书。

本书对接"1+X"工业机器人应用编程职业技能等级证书（初级、中级）技能等级标准。通过本门课的学习，使学生对机器人应用技术有一个全面、深入的认识，培养学生对机器人的综合理解和创新设计及应用能力。本书可作为高职院校工业机器人、机电一体化技术自动化、智能控制技术、智能制造类专业用教材，也可作为从事工业机器人操作、编程、设计和维修的工程技术人员的参考书。

本书共分为八个项目。项目一和项目三由重庆水利电力职业技术学院周园编写，项目二由重庆工程职业技术学院谢立夏编写，项目四、项目七和项目八由重庆工程职业技术学院王晶晶编写，项目五由重庆工程职业技术学院王英编写，项目六由重庆工程职业技术学院谢长贵编写。

由于编者水平有限和编写时间仓促，书中内容难免存在不足，希望广大读者批评指正。

编 者

目　录

项目一 概 述

项目导读

近年来，许多国家制定了促进国家工业发展的相关战略来提升本国制造业的竞争力，例如美国的再工业化和工业互联网战略、德国的工业4.0战略以及中国智能制造2025战略等，而机器人已经成为这些战略布局的焦点，是未来发展的重点领域，加快推动机器人发展已成为共识。中国作为全球第一制造大国，以工业机器人为标志的智能制造在各行业的应用越来越广泛。

机器人，尤其是工业机器人是一个复杂的系统工程，不是买来就能用的，需要对其进行编程，把机器人本体与控制软件、应用软件、周边设备等集成起来，它们通常集成为一个系统，将该系统作为一个整体来完成生产作业任务。

项目目标

知识目标	能力目标	素质目标
（1）了解工业机器人的定义、由来与发展； （2）掌握工业机器人的基本组成与技术参数； （3）了解机器人的典型应用	（1）能够根据工业机器人的特点和定义辨别是否是机器人； （2）能够认知工业机器人的各个组成部分及其特点； （3）能够熟知各个领域机器人的应用环境和特点	（1）培养学生对新方法及新技术的自主探究能力； （2）通过对我国机器人发展的学习培养学生爱国情怀

任务一　工业机器人的定义

任务引入

随着信息技术的发展，机器人的智能化水平不断提高，应用范围也不断扩展，但迄今为止其概念没有固定、统一的标准，不同国家、不同研究组织对其定义各有千秋。

请问图 1-1 中哪个是工业机器人？

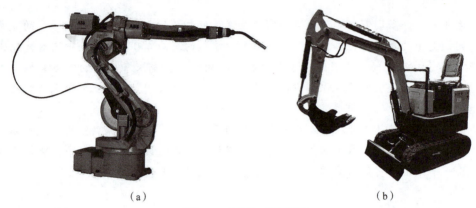

（a）　　　　　　　　　　　　　　　（b）

图 1-1　识别工业机器人

任务目标

知识目标	能力目标	素质目标
（1）掌握工业机器人的定义； （2）熟悉工业机器人的特点	（1）能够根据工业机器人的定义判断什么是工业机器人； （2）能够根据工业机器人的定义辨别工业机器人	培养学生自主探究和思考的能力

知识链接

目前国际上对工业机器人的定义主要有以下几种。

1. 美国机器人工业协会（RIA）的定义

工业机器人是一种用于移动各种材料、零件、工具或专用装置的，通过程序动作来执行种种任务的，并具有编程能力的多功能操作机。

2. 日本工业机器人协会（JIRA）的定义

工业机器人是一种带有存储器件和末端操作器的通用机械，它能够通过自动化的动作替代人类劳动。

3. 国际标准化组织（ISO）的定义

工业机器人是一种自动的、位置可控的、具有编程能力的多功能操作机。这种操作机具有多个轴，能够借助可编程操作来处理各种材料、零部件、工具和专用装置，以执行各种任务。

4. 中国科学家的定义

工业机器人是一种自动化的机器，所不同的是这种机器具备一些与人或者生物相似的智能能力，如感知能力、规划能力、动作能力和协同能力，是一种具有高度灵活性的自动化机器。

根据上述的各种定义，工业机器人有以下几个显著特点。

（1）拟人化。可以代替人进行工作，能像人那样使用工具和机械。因此，数控机床和汽车不是机器人。

（2）通用性。机器人可以简单地变换所进行的作业，又能按照工作情况的变化相应地进行工作。因此，一般的玩具机器人不具有通用性，不属于机器人。

（3）智能化。具备不同程度的智能，能够具备感知、识别、记忆系统等。

（4）独立性。机器人的操作系统独立，不受任何外在因素的干扰。

任务二　工业机器人的基本组成与主要参数

任务引入

一台机器人，不管是设计、销售还是售后维护阶段，它的基本组成和参数都是极其重要的，就如你买一件衣服需要知道它的尺码或材质一样，机器人亦是如此，要熟悉机器人就需要掌握它的基本组成和技术参数。

你知道图1-2所示机器人可以抓取的最大重量是多重吗？

图1-2　工业机器人承载能力

任务目标

知识目标	能力目标	素质目标
（1）掌握工业机器人的基本组成； （2）熟悉工业机器人的主要技术参数	（1）能够认知工业机器人的各个组成部分； （2）能够认知工业机器人的主要技术参数	（1）培养学生分析与解决问题的能力； （2）培养学生的观察能力

知识链接

一、工业机器人的基本组成

工业机器人虽然结构、外形、功能等不相同，但大部分工业机器人的基本组成是相同的。工业机器人从体系结构来看由机器人本体、控制器及控制系统、示教器三大部分组成。

（一）机器人本体

机器人本体是工业机器人的机械主体，是完成各种作业的执行机构。一般包含机械臂、驱动及传动装置和各种内外部传感器。

1. 机械臂

关节型机器人的机械臂是由若干个机械关节连接在一起的集合体。

工业机器人本体结构如图 1-3 所示，主要由以下几部分组成。

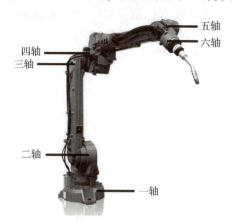

图 1-3　工业机器人本体结构

（1）基座：是构成机器人的支承部分，内部安装有机器人的执行机构和驱动装置。

（2）腰部：是连接机器人机座和大臂的中间支撑部分，腰部可以通过一轴在机座上转动。

（3）手臂：关节机器人的手臂一般由大臂和小臂构成，大臂和小臂均可通过各自电动机转动，实现移动或转动。

（4）手腕：连接小臂和末端执行器的部分，主要用于改变末端执行器的空间位姿。

（5）末端执行器：直接装在机器人手腕末端法兰上，实现取放工件或执行作业功能。

2. 驱动及传动装置

要使工业机器人运行起来，就需要给各个关节即每个运动自由度安装传动装置，这就是驱动系统。驱动系统可以直接驱动或者通过同步带、链条、齿轮等机械传动机构进行间接驱动，也可以有液压式、气动式、电动式传动方式，或者把它们结合起来组成复合式驱动系统。

1）液压驱动系统

液压技术是一种比较成熟的技术，它具有动力大、力（或力矩）与惯量比大、快速响应高、易于实现直接驱动等特点，适用于承载能力大、惯量大以及在防焊环境中工作的机器人中。但液压系统需进行能量转换（电能转换成液压能），速度控制多数情况下采用节流调速，效率比电动驱动系统低；并且液压系统的液体对环境会产生污染，工作噪声也较大。因此，负荷在 100 kg 以下的机器人往往被电动系统所替代。

2）气动驱动系统

气动驱动系统具有速度快、系统结构简单、维修方便、价格低等特点，适用于中、小负荷的机器人。但因难于实现伺服控制，多用于程序控制的机器人中，如在上、下料和冲压机器人中应用较多。

3）电动驱动系统

由于低惯量、大转矩的交、直流伺服电动机及其配套的伺服驱动器（交流变频器、直流脉冲宽度调制器）的广泛采用，电动驱动系统在机器人中被大量选用。这类系统不需要能量转换，使用方便，控制灵活。大多数电动机后面需安装精密的传动机构。直流有刷电动机不能直接用于要求防爆的环境中，成本也较上两种驱动系统的高。但因这类驱动系统优点比较突出，因此在机器人中被广泛选用。

3. 传感器

为检测作业对象及工作环境，在工业机器人上安装了各种传感器，例如触觉传感器、视觉传感器、力觉传感器、接近传感器、超声波传感器和听觉传感器。这些传感器可以大大改善机器人工作状态和提高工作效率，使它能够更充分地完成复杂的工作。

（二）控制器及控制系统

控制系统是工业机器人的神经中枢，由计算机硬件、软件和一些专用电路、控制器、驱动器等构成。工作时，根据编写的指令及传感信息控制机器人本体完成一定的动作或路径，主要用于处理机器人工作的全部信息，其控制柜如图 1-4 所示。

图 1-4 控制柜

（三）示教器

示教器（FlexPendant）也称示教编程器或示教盒，如图 1-5 所示，它是人机交互的一个接口，是一种手持式装置，可用于执行和操作与机器人相关的很多任务，例如手动操纵机器人、程序编写、运行程序、参数配置以及备份与恢复机器人等，主要由液晶屏和操作按键组成。使用 ABB 示教器时，通常右手持握示教笔进行屏幕操作或右手直接操作按键和摇杆，左手环抱示教器放在使能键上从而便于操作。

图 1-5 示教器

二、工业机器人的主要参数

根据工业机器人作业要求，目前主要技术参数包含自由度、定位精度和重复定位精度、分辨率、工作空间、最大工作速度、承载能力等。

1. 自由度

自由度是指机器人所具有的独立坐标轴运动的数目，不包括末端执行器的开合自由度，一般情况下机器人的一个自由度对应一个关节。自由度是表示机器人动作灵活程度的参数，自由度越多就越灵活，但结构也越复杂，控制难度越大，所以机器人的自由度要根据其用途设计，一般在 3~6 个之间。

2. 定位精度和重复定位精度

定位精度是指机器人末端执行器达到的实际位置与目标位置之间的接近程度，由机械误差、控制算法和分辨率等部分组成。例如机器人距离目标点需要移动 50 mm，结果实际走了 50.01 mm，多出来的 0.01 mm 就是定位精度。

重复定位精度是指在同一环境、同一条件、同一目标、同一命令之下，机器人末端执行器重复到达同一目标位置与实际到达位置之间的接近程度。例如机器人距离目标点需要移动 50 mm，第 1 次机器人移动 50.01 mm，重复第 1 次同样的动作，机器人第 2 次移动了 49.99 mm，两次运动的误差 0.02 mm 就是重复定位精度。

3. 分辨率

分辨率是指机器人每个关节所能实现的最小移动距离或最小转动角度。

工业机器人的分辨率分编程分辨率和控制分辨率两种。

1）编程分辨率

编程分辨率是指控制程序中可以设定的最小距离，又称基准分辨率。当关节电动机转动 0.1°，机器人关节端点移动直线距离为 0.01 mm 时，其基准分辨率即为 0.01 mm。

2）控制分辨率

控制分辨率是指位置反馈回路能检测到的最小位移量，即与机器人关节电动机同轴安装的编码盘发出单个脉冲电动机转过的角度。如若与电动机同轴安装的增量式编码盘每周转 1 000 个脉冲，那么电动机每旋转 0.36°（＝360°/1 000）编码盘就发出一个脉冲，0.36°以下的角度无法检测，则该系统的控制分辨率为 0.36°。

4. 工作空间

工作空间也称作业范围，指机器人运动时手臂末端或手腕中心所能到达的位置点的集合。由于手部末端执行器的多样性，此处指不安装末端执行器时的工作空间。如图 1-6 所示为 ABB 的 IRB 1200 型号工业机器人工作空间示意图。

5. 最大工作速度

一般情况下指机器人手臂末端的最大速度，工作速度影响机器人的工作效率和工作周期，它与机器人所提取的重力和位置精度均有密切的关系。提高工作速度可以提高工作效率，但工作速度高，机器人所承受的动载荷增大，承受加减速时的惯性力较大，影响机器人的平稳性和位置精度，因此在提高速度的同时也需要保证机器人工作的平稳性。

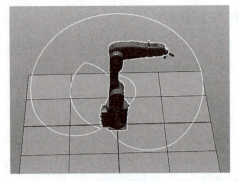

图1-6　IRB 1200型号工业机器人工作空间示意

6. 承载能力

承载能力指机器人在工作范围内的任何位姿上所能承受的最大负载，通常可以用质量、力矩、惯性矩来表示。承载能力不仅取决于负载的质量，而且与机器人工作速度和加速度的大小和方向有关。一般低速运行时，承载能力大，为安全考虑，规定在高速运行时所能抓起的工件质量作为承载能力指标。

学习笔记

任务引入

你知道为什么会有机器人吗？它是怎么演变而来的？现在的机器人发展如何……掌握机器人的发展动向便于我们了解新时代、新技术的发展。

图1-7、图1-8所示的机器人你认识吗，知道它们的特点吗？你知道的机器人还有哪些？

图1-7　Atlas

图1-8　ASIMO

任务目标

知识目标	能力目标	素质目标
（1）了解机器人的发展历程； （2）掌握机器人的发展现状	（1）能够知道机器人的起源和发展； （2）能够知道机器人的发展趋势和动向	通过对我国机器人发展的学习培养学生爱国情怀

知识链接

一、机器人发展历程

机器人经过多年的研究与发展，在用途和性能等各个方面都有很大的提升，世界机器人的重要发展历程如下。

1920年，捷克著名剧作家卡雷尔·恰佩克发表了科幻剧本《罗素姆万能机器人》（*Rossum's Universal Robots*），该作品创造了robot（机器人）一词，这个词源于捷克语的"robota"，意思是奴隶。

1950年，美国科幻作家Asimov（阿西莫夫）提出了机器人学三原则。

原则1：机器人不能伤害人类，且确保人类不受伤害；

原则2：在不违背第一原则的前提下，机器人必须执行人类的命令；

原则3：在不违背第一及第二原则的前提下，机器人必须保护自己不受伤害。

1985年，Asimov又补充了凌驾于"机器人学三原则"之上的"0原则"：机器人必须保护人类的整体利益不受伤害，其他3条原则都必须在这一前提下才能成立。

1954年，美国发明家George Devol（乔治·德沃尔）设计了第一台关节式示教再现型作业机械手。

1959年，美国约瑟夫·恩格尔伯格和乔治·德沃尔研制出了世界上第一台真正意义上的工业机器人Unimate（见图1-9），即第一代机器人，机器人的历史这才真正开始。

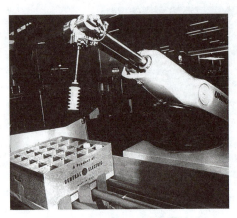

图1-9 Unimate工业机器人

第一代机器人是示教再现机器人，一般指能通过离线编程或示教操作生成程序，并再现动作的机器人。这种机器人在外界环境变化时不能做出自主调整，只能按照给定的程序进行机械性重复工作，例如机械臂。

20世纪80年代，随着机器人在发达国家的工业等领域应用较为广泛，机器人的感知技术得到相应的发展，从而产生第二代机器人。第二代机器人是具有一定感知与自适应能力的离线编程机器人，相比第一代机器人，它可以根据外界的变化在一定范围内自行调整，例如扫地机器人。

20世纪90年代，随着机器人技术在发达国家应用更为广泛，如服务、医疗、娱乐等领域，开始向第三代智能型机器人发展。它具有高度的自适应能力，可以通过各种传感器、测量器等来获取环境信息，然后利用智能技术进行识别、理解、推理，最后作出规划决策，能自主行动实现预定目标。

二、机器人发展现状

国际机器人联合会（IFR）发布的《世界机器人2021工业机器人》报告中提到，如今300万台工业机器人正在全球工厂中运行，尽管全球新冠疫情的爆发影响了机器人的销量，但全球的工业机器人销量仍小幅增长了0.5%。近年来，我国工业机器人产量持续增加，2020年我国工业机器人产量突破20万套，达到23.71万套，同比增长19.1%。随着后疫情时代的到来，中国工业经济展现出了应对复杂严峻局面的强大韧性和活力，工业机器人也以亮眼的表现逆势上扬。2021年1—11月，中国工业机器人产量达33.01万套，同比增长49.0%。

随着工业机器人的技术日渐成熟，国际上主要著名生产企业有瑞士和瑞典的ABB，德国的KUKA（库卡），日本的FANUC（发那科）、YASKAWA（安川）、KAWASAKI（川崎）、NACHI（那智不二越），瑞士的Staubli（史陶比尔），意大利的COMAU（柯马），其中ABB、KUKA、FANUC、YASKAWA被称为工业机器人四大家族。以下简单介绍四大家族及其生产的机器人。

1. ABB

ABB由两个历史长达100多年的国际性企业——瑞典的阿西亚公司（ASEA）和瑞士的布朗勃法瑞公司（BBC Brown Boveri）在1988年合并而成。ABB是电力和自动化技术的全球领导厂商，它发明、制造了众多产品和技术，其中包括全球第一套三相输电系统、世界上第一台自冷式变压器、高压直流输电技术和第一台电动工业机器人，并率先将它们投入商业应用。目前，中国已经成为ABB全球第一大市场。

2015年，ABB推出了世界上首款真正的协作机器人YuMi，如图1-10所示。协作机器人擅长在短周期内为需要小批量制造高度个性化产品的装配过程增加灵活性。通过将人类独有的适应变化能力与机器人不知疲倦地完成精密、重复性任务的耐力相结合，就能够在同一条生产线上自动化地组装多种类型的产品。其中7轴YuMi机器人，是迄今为止最小、最敏捷的协作机器人。此外，它还开启了一个有着更多灵活可能性的世界。例如，单臂和双臂YuMi可以结合在一起，为组装单元添加一个零件供给或检查站。

图1-10　IRB 14000 YuMi协作机器人

2. KUKA（库卡）

库卡（KUKA）公司于1898年成立，最初的主要业务为室内及城市照明，后开始焊接设备、大型容器、市政车辆的研发生产。KUKA公司是世界著名的工业机器人制造商之一，其产品规格全、产量大，是我国目前工业机器人的主要供应商。

2007年，KUKA公司生产的"titan"是第一款6轴重载型机器人，具有开放式运动系统和独一无二的负载能力，速度快、加速度灵活，可以精确和安全地搬运重要部件。如图1-11所示为KR 1000 titan。

图1-11　KR 1000 titan

3. FANUC（发那科）

FANUC是日本一家专门研究数控系统的公司，成立于1956年，是当今世界上数控系统科研、设计、制造、销售实力强大的企业。2008年6月，FANUC成为世界上第一个装机量突破20万台机器人的厂家；2011年，FANUC全球机器人装机量已超25万台，市场份额稳居第一。

2010年，FANUC"世博机器人"（见图1-12）是具有高科技含量的"人工智能机器人"，亮相于世博会的主要展示馆——企业馆，其身高5 m、负重可达1.3 t，它具有较高的视觉能力，并且智能，能够根据参观人员的要求，"眼"与"耳"协调配合，自行调整姿态，通过识别物体来完成一系列任务，并与游客互动。此款机器人的诞生在自动化应用领域具有重要意义，随着机器人视觉功能的智能化，未来流水线上的工业机器人除了完成重复性动作外，还可以实现"一人多能"，这样将大大降低自动化流水线成本。

图1-12　FANUC"世博机器人"

4. YASKAWA（安川）

安川公司成立于1915年，是全球著名的伺服电动机、伺服驱动器、变频器和工业机器人生产厂家，它是首家进入中国的工业机器人企业。安川电机公司是世界一流的传动产品制造商，是日本第一个做伺服电动机的公司，其产品以稳定快速著称，性价比高，是全球销售量最大、使用行业最多的伺服品牌。

安川研发生产的 MOTOMAN-SDA5 系列双臂机器人，是一支拥有7轴的双臂以及腰部旋转轴的双手臂形 15 轴多关节机器人，可搬质量为 5 kg/手臂（双臂 10 kg），其精简化的双臂及身躯可用来进行协调和运作高难度的动作，并且动作高速化。如图 1-13 所示为 MOTOMAN-SDA5F 双臂机器人，这类小型双臂机器人，在装配、物流等用途上可用来代替人工，缩短工作时间，使生产率提高。

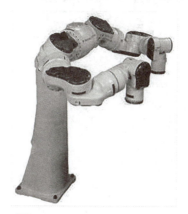

图 1-13　MOTOMAN-SDA5F

工业机器人性价比不断提升、投资回收期缩短，为加快制造强国建设步伐，推动工业机器人产业发展，2021 年我国出台了一系列政策，鼓励工业机器人产业发展，到 2025 年我国将成为全球机器人技术创新策源地、高端制造集聚地和集成应用新高地。

三、机器人发展方向

国际机器人技术日趋成熟，目前基本沿着两个路径在发展：一是模仿人的手臂，实现多维运动，典型应用为点焊机器人；二是模仿人的下肢运动，实现物料输送、传递等搬运功能，如搬运机器人。

随着科技飞速进步，机器人技术具有以下几方面更深入的研发趋势。

1. 语言交流功能

语言交流功能的优化对于机器人发展是一个必然性趋势。在设计的程序控制下，它们能轻松地掌握多个国家的语言，远高于人类的学习能力和学习效率。另外，机器人还需要进行自我的语言词汇重组能力，就是当人类与之交流时，若遇到语言包程序中没有的语句或词汇时，可以自动地用相关的或相近意思词组，按句子的结构重组成一句新句子来回答，这也类似于人类的学习能力，同时这也是逻辑能力的完美表现形式。

2. 动作完成度

机器人的动作是相对于模仿人类动作来说的，我们知道人类能做的动作是多样化的，招手、握手、走、跑、跳等各种手势，目前使机器人模仿人做这些人的惯用动作并不难，甚至可以翻跟斗，不过相对来说有点僵化的感觉，或者动作比较缓慢。未来机器人将以更灵活的关节和仿真人造肌肉，使其动作更流畅，更像人类，能模仿人的所有动作，甚至做到更多可能性。

3. 多样化功能

目前机器人的功能还不是很多样化，比如扫地机器人只能扫地，陪伴机器人只能提供陪聊、看护等简单服务，而制造机器人的最终目的是为人类所服务的，所以需要尽可能地把它的功能多样化，即一个机器人可以有多种服务，比如机器人可以扫地、炒菜、做家务，可以陪聊和看护，还可以出门取快递、搬重物等。

任务四　机器人的应用

任务引入

我们生活中都有哪些机器人？在各个领域都有什么应用和特点呢？

说说图 1-14 所示的机器人可以应用于什么场景？

图 1-14　机器人应用场景

任务目标

知识目标	能力目标	素质目标
了解机器人的典型应用	能够熟知各个领域机器人的应用环境和特点	培养学生对新技术自主探究和钻研的能力

知识链接

一、机器人工业应用

从品牌来讲，现在的工业机器人市场份额被前面所提到的四大家族（ABB、KU-KA、FANUC、YASKAWA）占领大部分，它们加起来超过了 60%。以 ABB、KUKA 作为代表的欧系机器人，它们的主要应用领域是汽车制造，在 3C 产品、汽车加工等方面也有一些新的应用；以 FANUC、YASKAWA 为代表的日系机器人，它们的主要应用领域也是汽车工业，而且日系在电子行业中的应用技术做得也比较好，用量增长比较快，因为它们的工业机器人和视觉系统相结合，形成了比较精密的装备。

机器人应用于工业中，可以在恶劣的环境下代替人生产，尤其是在危险的工作中，减小了安全隐患。同时也节约人力和提高企业市场竞争力，在生产中可以保证产品的准确性、可靠性和一致性。机器人在工业领域中常见的应用主要有喷涂、码垛、搬运、冲压、上下料、包装、焊接、装配等。

1. 机器人搬运应用

目前搬运是机器人的第一大应用领域，被广泛应用于机床上下料、冲压机自动化生产线、自动装配流水线、码垛搬运、集装箱等的自动搬运。近年来，随着协作机器人的兴起，搬运机器人的市场份额一直呈增长态势。图1-15所示为搬运工业机器人。

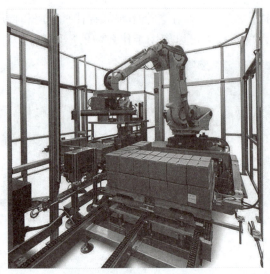

图1-15　搬运工业机器人

2. 机器人码垛应用

机器人被广泛应用于化工、饮料、食品、啤酒、塑料等生产企业，对纸箱、袋装、罐装、啤酒箱、瓶装等各种形状的包装成品都适用。现在许多自动化生产线需要使用机器人进行搬运以及码垛等操作。图1-16所示为码垛工业机器人。

图1-16　码垛工业机器人

3. 机器人装配应用

装配机器人主要从事零部件的安装、拆卸以及修复等工作，被广泛应用于各种电器的制造行业及流水线产品的组装作业，具有高效、精确、不间断工作的特点。常见的应用在装配上的机器人包括冲压机械手、上下料机械手。图1-17所示为装配工业机器人。

图 1-17　装配工业机器人

4. 机器人焊接应用

机器人焊接应用主要包括在汽车行业中使用的点焊和弧焊，最早应用在装配生产线上，现在许多加工车间都逐步引入焊接机器人，用来实现自动化焊接作业。图 1-18 所示为焊接工业机器人。

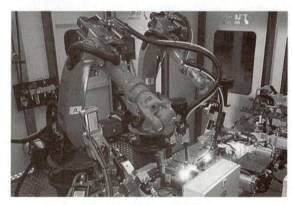

图 1-18　焊接工业机器人

5. 机器人喷涂应用

机器人喷涂主要指的是涂装、点胶、喷漆等工作，被广泛应用于汽车、汽车零配件、铁路、家电、建材、机械等行业。图 1-19 所示为喷涂工业机器人。

图 1-19　喷涂工业机器人

6. 机器人机械加工应用

机械加工机器人主要从事的应用领域包括零件铸造、激光切割以及水射流切割等。图1-20所示为激光切割工业机器人。

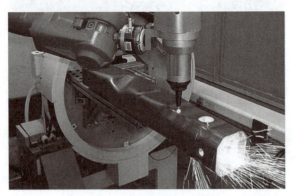

图1-20　激光切割工业机器人

二、机器人在汽车生产线中的应用

在当前经济全球化的社会中，汽车行业在国内外市场中的竞争力越来越大，工业机器人的应用有效地保证了其自动化、柔性化等多样需求，从而使工业机器人在汽车生产中占据重要地位。从应用行业上来说，机器人最大的应用行业在汽车制造领域，在国内接近50%都是用于汽车制造领域。工业机器人能够自主动作，广泛应用到不同的生产环节，方便、快捷、迅速地进行生产。

机器人在汽车生产中扮演着装配工、操作工、焊接工等不同角色，主要有焊接、涂胶、喷涂等应用。它可以在低温、高温、有毒等恶劣环境下工作，代替人完成单调重复、繁重，甚至危险的生产，保证了产品质量，提高了生产效率，保障了人员安全。

图1-21所示为机器人在汽车制造领域的应用场景。

图1-21　机器人在汽车制造领域的应用

三、机器人在物流领域中的应用

如今市场存在劳动年龄人口减少、廉价劳动力逐渐消失的现象，从而导致以传统的人工配送为主的物流行业成本高、效率低。将机器人应用于物流领域，可以提高配送质量，速度快，还能为消费者提供个性化和多样化的物流服务体验。机器人在物流行业的优势有如下几点。

1. 节约成本

物流机器人可以整天 24 小时不知疲倦地进行工作，并且任劳任怨。一个机器人可以替代数个普通工人加上若干机械的组合，大大降低了人力和物力。采用工业机器人操作的模式，物流自动流水线更能节省用地，使仓储规划更小更紧凑精致，降低了企业的用地成本。

2. 生产效率高

人类在一定时间内持续工作，甚至高强度工作的情况下精力难免会减少，从而导致工作效率下降，而机器人不会存在这样的问题。并且机器人对笨重、易碎等产品的处理相比人类更加游刃有余。工业机器人配送一件货物耗时是固定的，同样的周期内，机器人配送数量稳定，这样物流系统内各个环节的协作就十分方便，产品的成品率也高。

3. 安全系数高

由于机器人不会感到疲倦，不像工人会出现生理性疲劳或其他疾病，即便配送过程中出了问题或是意外只可能是机器人或物品损坏，能够有效降低人身伤害发生的概率。

4. 便于管理

如果说物流企业要及时调整配送模式，可以迅速以计算机为终端对物流机器人发出指令，进行控制，这比人员之间信息的传达要更加有效。相比于人工还需要情感上的照顾和管理，机器人只需要设置程序等操作管理，这样更简单、更纯粹。

图 1-22 所示为机器人在物流领域的应用场景。

图 1-22　机器人在物流领域的应用

四、机器人在能源领域中的应用

能源行业在整个智能化的进程中起步较晚，但是随着国家智能制造的推进，伴随着云计算、大数据、人工智能、智能装备等技术的突破，能源行业迎来了新的发展契机，从而使得机器人技术在能源领域应运而生。能源行业往往伴随着复杂和危险的工作环境，这会对工作人员的工作效率和人身安全造成威胁。因此高危岗位、重复率高的岗位，可以考虑由机器人代替。

常规能源一般包括煤炭、石油和电能，其中电能占终端能源消费比重较大。电能的正常供应是保证社会安全、稳定、有序的重要因素，电能的生产和使用涉及多个环节，包括发电、变电、输电和配电等。机器人能够帮助发电侧和用电侧省时、节约费用、提高运行效率、减少危险施工等，从而有效地提高运行效率及降低运行成本等。比如，在电力系统巡检中，巡检工作量大，缺少对设备等状态的持续监测，巡视工作也存在盲区，随着科技的发展与提升，机器人逐渐取代传统人工巡检，可以在无人值守或少人值守的变电站履行巡检任务，及时发现电力设备的异常现象，自动报警或自动进行及时处置，有效解决巡检过程中工作人员工作量大的问题，这对于提升电力运维工作的效率和安全性有着重要意义。

图 1-23 所示为机器人在能源领域中的应用场景。

图 1-23 机器人在能源领域中的应用

五、机器人在其他领域中的应用

1. 机器人在服务领域的应用

机器人炒菜、美食从天而降、机器人烹茶等都是北京冬奥会主媒体中心的智慧餐厅的美丽风景线。该智慧餐厅从厨师到服务生均为机器人，在疫情防控大背景下，进一步减少了人与人的交叉接触，降低疫情传播概率及防疫成本。其中"智咖大师"（见图 1-24）是由两条 6 轴协作式机械臂组成的机器人，左右机械臂可以同时开工，精准执行各种不同的动作，一系列烹茶的工艺流程都能自己完成。

图 1-24 "智咖大师"机器人

2. 机器人在建筑领域的应用

人工施工的时候，不仅整体施工面积小、效率低，而且工作环境恶劣，工作强度也较大，存在安全隐患。建筑机器人的工作效率较人工提升 2~3 倍，机器人标准化施工不仅可以提高生产效率和质量，降低劳动强度，减少工人劳动损伤，同时也可以保障施工过程的安全性。图 1-25 所示为"博智林"瓷砖铺贴机器人。

图 1-25　"博智林"瓷砖铺贴机器人

3. 机器人在军事领域的应用

"Packbot"机器人（见图 1-26）可以执行炸弹处理、侦察和监视以及其他一些任务。自 2003 年发布以来，这种轻型军用机器人已经被证明是有效的。通过远程控制，它可以用一个能旋转 360°的手，捡起质量达 15 磅[①]的棒球大小的物体。它是由轨道两侧的轨道推动的，可以每小时 5.8 英里[②]的最高速度行驶。

图 1-26　"Packbot"机器人

---

① 1 磅 = 0.454 千克。
② 1 英里 ≈ 1.609 千米。

项目工单（一）

组名：	组员：	学号：	组内评价：	成绩：

任务描述：观察工业机器人的基本组成，分析每个组成部分的功能，并记录主要参数。

任务目的：（1）掌握工业机器人的基本组成部分。

（2）掌握工业机器人的主要技术参数。

任务实施：

（1）组织学生在工业机器人实训室中根据 ABB 工业机器人实训平台认识机器人的组成，并阐述其功能。

（2）在老师的指导下学生观察机器人本体，查看说明书，分析记录机器人的主要技术参数。

检查与评估

反馈信息描述	产生问题的原因	解决问题的方法	评估结果

能力提高：

（1）对不同品牌、不同型号的机器人观察其组成部分的相同之处和不同之处。

（2）对不同品牌、不同型号的机器人查看其技术参数，并讨论运用在什么场合。

指导教师评语：

任务完成人签字：　　　　　　　　日期：　　　年　　月　　日

习题

1. 工业机器人本体结构由机座、_____、手腕、_____、_____等部分组成。

2. 从体系结构来看，工业机器人可以分为三大部分：_____、控制器与控制系统、_____。

3. 世界上第一台真正意义上的工业机器人是_____。

4. 工业机器人四大家族分别是_____、_____、_____、_____。

5. _____是指机器人在作业范围内的任何位姿上所能承受的最大质量。

6. 末端执行器的位姿是由_____和_____构成的。

7. 简述工业机器人的定义及主要特点。

8. 工业机器人的主要技术参数有哪些?

9. 简述机器人的发展现状及发展趋势。

10. 简述机器人的主要应用领域及其特点。

项目二 机器人运动学认知

项目导读

机器人运动学主要研究机器人的动力和运动，包括对机器人系统的建模、空间分析、运动分析、插补和运动控制。但它仅研究机器人系统在某一空间中的运动情况而不考虑其受力情况。常见的机器人运动处理方法有"欧拉角法"和"四元数法"，其本质都是在机器人的身上设立若干"参考点"和系统坐标系，并将某一个外界的系统设立为参考坐标系，通过系统坐标系和参考坐标系之间的矩阵变换，从而达到将参考点移动到期望的位置上的方法。

项目目标

知识目标	能力目标	素质目标
（1）了解矩阵的定义及初步运算； （2）了解行列式的基本运算； （3）了解空间中点、向量、坐标系、刚体的表示方法； （4）掌握三种坐标系的定义及工业机器人的常用坐标系； （5）掌握点的齐次坐标的描述方法； （6）掌握机器人的齐次坐标的描述方法； （7）掌握空间齐次坐标变换的方法； （8）了解工业机器人正运动学、逆运动学计算的方法	（1）能够完成矩阵的加法、减法、乘法运算； （2）能够计算行列式的值； （3）能够用矩阵表示空间中的点、向量、坐标系、刚体； （4）能够区分工业机器人的坐标系类型； （5）能够正确选用常用坐标系进行机器人编程； （6）能够用齐次坐标描述空间中的点； （7）能够用齐次坐标描述机器人的空间位置； （8）能够完成坐标系的平移、旋转、复合变换； （9）能够进行简单的工业机器人正运动学、逆运动学计算	（1）形成良好的逻辑思维习惯； （2）养成严谨细致、一丝不苟的工作习惯

任务一　工业机器人的数学基础

任务引入

工业机器人通常是一个非常复杂的系统，为准确、高效地描述工业机器人的位姿，求解机器人的运动学和动力学方程，通常需要借助矩阵及其运算、行列式、坐标系、空间向量、坐标变换等数学基础知识来进行分析研究。

任务目标

知识目标	能力目标	素质目标
（1）熟悉矩阵的定义及初步运算； （2）掌握行列式的基本运算； （3）掌握空间中点、向量、坐标系、刚体的表示方法	（1）能够完成矩阵的加法、减法、乘法运算； （2）能够计算行列式的值； （3）能够用矩阵表示空间中的点、向量、坐标系、刚体	（1）形成良好的逻辑思维习惯； （2）养成严谨细致、一丝不苟的工作习惯

知识链接

一、矩阵及其运算

1. 矩阵的定义

在描述工业机器人位姿及其关系时，利用矩阵表达式远比其他形式简洁。矩阵运算的规范性更适用于计算机编程。本书中的许多关系式将采用矩阵形式表达，为此现将有关矩阵的一些概念做简要的介绍，对一些符号进行约定。

将 $m×n$ 个元素 $a_{ij}(i=1,2,\cdots,m;j=1,2,\cdots,n)$ 排成 m 行 n 列的矩形数表，将其定义为 $m×n$ 阶（维）矩阵，记作

$$\begin{bmatrix} a_{11} & a_{12} & \cdots & a_{1n} \\ a_{21} & a_{22} & \cdots & a_{2n} \\ \vdots & \vdots & & \vdots \\ a_{m1} & a_{m2} & \cdots & a_{mn} \end{bmatrix} \tag{2-1}$$

或简记为 $(a_{ij})_{m×n}$，其中 a_{ij} 叫作矩阵第 i 行、第 j 列的元素。矩阵常用大写字母 **A**、**B**、**C** 表示，式（2-1）也可记作 $\boldsymbol{A}_{m×n}$。

当 $m=n$ 时，矩阵（2-1）称为**方阵**，或称 n 阶矩阵。元素 a_{11}、a_{22}、$\cdots$、a_{nn} 叫作方阵的主对角元，它们所在位置叫作方阵的主对角线，方阵的另一条对角线叫作副对

角线。

如果方阵中非主对角线上的所有元素都是零（即当 $i \neq j$ 时，$a_{ij}=0$），称之为对角矩阵（简称对角阵），n 阶对角阵可写成

$$A = \begin{bmatrix} a_{11} & 0 & \cdots & 0 \\ 0 & a_{22} & \cdots & 0 \\ \vdots & \vdots & & \vdots \\ 0 & 0 & \cdots & a_{mn} \end{bmatrix}$$

如果在主对角线之下（上）的所有元素都是零，即当 $i>j$ 时，$a_{ij}=0$（$i<j$ 时，$a_{ij}=0$），称为之上（下）三角矩阵。上三角矩阵可写成

$$B = \begin{bmatrix} a_{11} & a_{12} & \cdots & a_{1n} \\ 0 & a_{22} & \cdots & a_{2n} \\ \vdots & \vdots & & \vdots \\ 0 & 0 & \cdots & a_{mn} \end{bmatrix}$$

所有元素都为零的矩阵称为**零矩阵**，但不同阶数的零矩阵是不相等的，零矩阵通常用 O 表示，即

$$O = \begin{bmatrix} 0 & 0 & \cdots & 0 \\ 0 & 0 & \cdots & 0 \\ \vdots & \vdots & & \vdots \\ 0 & 0 & \cdots & 0 \end{bmatrix}$$

主对角线上的元素均为 1，除此以外的元素全都为 0，这样的 n 阶方阵称为**单位矩阵**，单位矩阵通常用 E 表示，即

$$E = \begin{bmatrix} 1 & 0 & \cdots & 0 \\ 0 & 1 & \cdots & 0 \\ \vdots & \vdots & & \vdots \\ 0 & 0 & \cdots & 1 \end{bmatrix}$$

主对角线上的元素均为同一个数值，除此以外的元素全都为 0，这样的 n 阶方阵称为**数量矩阵**，即

$$kE = \begin{bmatrix} k & 0 & \cdots & 0 \\ 0 & k & \cdots & 0 \\ \vdots & \vdots & & \vdots \\ 0 & 0 & \cdots & k \end{bmatrix}$$

把矩阵 $A = (a_{ij})_{m \times n}$ 的行列依次互换得到的一个 $n \times m$ 矩阵，称为 A 的**转置矩阵**，记作 $A^{\mathrm{T}} = (a'_{ji})_{n \times m}$，其中 $a'_{ji}=a_{ij}$，$(i=1,2,\cdots,m; j=1,2,\cdots,n)$，即

$$A = \begin{bmatrix} a_{11} & a_{12} & \cdots & a_{1n} \\ a_{21} & a_{22} & \cdots & a_{2n} \\ \vdots & \vdots & & \vdots \\ a_{m1} & a_{m2} & \cdots & a_{mn} \end{bmatrix}, A^{\mathrm{T}} = \begin{bmatrix} a_{11} & a_{21} & \cdots & a_{m1} \\ a_{12} & a_{22} & \cdots & a_{m2} \\ \vdots & \vdots & & \vdots \\ a_{1n} & a_{2n} & \cdots & a_{mn} \end{bmatrix}$$

把一个大型矩阵分成若干小块，构成一个**分块矩阵**，从而把大型矩阵的运算化成若干小型矩阵的运算，使运算更为简明，这是矩阵运算中的一个重要技巧。

例如，一个 5 阶矩阵可用纵横垂直的两条线将其分成 4 块，构成一个分块矩阵，即

$$\begin{bmatrix} 1 & 0 & 0 & 0 & 2 \\ 0 & 1 & 0 & 1 & -3 \\ 0 & 0 & 1 & -1 & 0 \\ 0 & 0 & 0 & 4 & 1 \\ 0 & 0 & 0 & 1 & 4 \end{bmatrix} = \begin{bmatrix} E_3 & A_1 \\ O & A_2 \end{bmatrix}$$

其中，E_3 为三阶单位矩阵，O 为 2×3 型零矩阵，$A_1 = \begin{bmatrix} 0 & 2 \\ 1 & -3 \\ -1 & 0 \end{bmatrix}$，$A_2 = \begin{bmatrix} 4 & 1 \\ 1 & 4 \end{bmatrix}$。

注意：第一行的块矩阵元素 E_3、A_1，其行阶均为 3；第二行的块矩阵元素 O 和 A_2，其行阶均为 2；第一列的块矩阵元素 E_3、O，其列阶均为 3；第二列的块矩阵元素 A_1 和 A_2，其列阶均为 2。

行数与列数均分别相等的两个或多个矩阵，称为同型矩阵。

2. 矩阵与行列式

由 n 阶方阵 A 的元素按原相对位置不变所构成的行列式称为方阵 A 的行列式，记为 $D = \det A$ 或 $|A|$。

对于由 4 个元素 $a_{ij}(i, j = 1, 2)$ 排成的二行二列的行列式，定义为

$$D = \begin{vmatrix} a_{11} & a_{12} \\ a_{21} & a_{22} \end{vmatrix} = a_{11}a_{22} - a_{12}a_{21} \tag{2-2}$$

对于由 9 个元素 a_{ij}（$i, j = 1, 2, 3$）排成的三行三列的行列式，定义为

$$D = \begin{vmatrix} a_{11} & a_{12} & a_{13} \\ a_{21} & a_{22} & a_{23} \\ a_{31} & a_{32} & a_{33} \end{vmatrix} = a_{11}a_{22}a_{33} + a_{12}a_{23}a_{31} + a_{13}a_{21}a_{32} - a_{13}a_{22}a_{31} - a_{11}a_{23}a_{32} - a_{12}a_{21}a_{33}$$

$$\tag{2-3}$$

在 n 阶行列式 $D = |a_{ij}|_{n \times n}$ 中，去掉元素 a_{ij} 所在的第 i 行和第 j 列的所有元素而得到的 $n-1$ 阶行列式，称为元素 a_{ij} 的余子式，记作 M_{ij}，并把数

$$A_{ij} = (-1)^{i+j} M_{ij}$$

称为元素 a_{ij} 的代数余子式。

设 $D = |a_{ij}|_{n \times n}$，则

$$D = \sum_{k=1}^{n} a_{kj}A_{kj} = a_{1j}A_{1j} + a_{2j}A_{2j} + \cdots + a_{nj}A_{nj}, j = 1, 2, \cdots, n, \tag{2-4}$$

$$D = \sum_{k=1}^{n} a_{ik}A_{ik} = a_{i1}A_{i1} + a_{i2}A_{i2} + \cdots + a_{in}A_{in}, i = 1, 2, \cdots, n, \tag{2-5}$$

式（2-4）称为 D 对第 j 列的展开式，式（2-5）称为 D 对第 i 行的展开式。

例如，三阶行列式 $D = |a_{ij}|_{3 \times 3}$ 对第 2 行的展开式为

$$D = a_{21}A_{21} + a_{22}A_{22} + a_{23}A_{23}$$

$$= -a_{21} \begin{vmatrix} a_{12} & a_{13} \\ a_{32} & a_{33} \end{vmatrix} + a_{22} \begin{vmatrix} a_{11} & a_{13} \\ a_{31} & a_{33} \end{vmatrix} - a_{23} \begin{vmatrix} a_{11} & a_{12} \\ a_{31} & a_{32} \end{vmatrix}$$

$$= -a_{21}(a_{12}a_{33}-a_{13}a_{32})+a_{22}(a_{11}a_{33}-a_{13}a_{31})-a_{23}(a_{11}a_{32}-a_{12}a_{31})$$

$$= a_{11}a_{22}a_{33}+a_{12}a_{23}a_{31}+a_{13}a_{21}a_{32}-a_{13}a_{22}a_{31}-a_{11}a_{23}a_{32}-a_{12}a_{21}a_{33}$$

式（2-3）得证。

设 $\boldsymbol{A}=(a_{ij})_{n\times n}$ 为 n 阶方阵，由 $\boldsymbol{A}$ 的各元素的代数余子式所构成的如下方阵 $\boldsymbol{A}^*$：

$$\begin{bmatrix} A_{11} & A_{21} & \cdots & A_{n1} \\ A_{12} & A_{22} & \cdots & A_{n2} \\ \vdots & \vdots & & \vdots \\ A_{1n} & A_{2n} & \cdots & A_{nn} \end{bmatrix}$$

该矩阵 $\boldsymbol{A}^*$ 称为矩阵 $\boldsymbol{A}$ 的**伴随矩阵**。

设 $\boldsymbol{A}$ 是一个 n 阶矩阵，若存在另一个 n 阶矩阵 $\boldsymbol{B}$，使得

$$\boldsymbol{AB}=\boldsymbol{BA}=\boldsymbol{E}$$

则称方阵 $\boldsymbol{A}$ 可逆，并称方阵 $\boldsymbol{B}$ 是 $\boldsymbol{A}$ 的逆矩阵，逆矩阵记为 $\boldsymbol{A}^{-1}$。

当方阵 $|\boldsymbol{A}|\neq 0$ 时，有

$$\boldsymbol{A}^{-1}=\frac{1}{|\boldsymbol{A}|}\boldsymbol{A}^* \tag{2-6}$$

可证明以下等式成立：

$$(\boldsymbol{A}^{-1})^{\mathrm{T}}=(\boldsymbol{A}^{\mathrm{T}})^{-1}$$

$$(\boldsymbol{AB})^{-1}=\boldsymbol{B}^{-1}\boldsymbol{A}^{-1}$$

3. 矩阵的运算

1）矩阵相等

如果 $\boldsymbol{A}=(a_{ij})$ 和 $\boldsymbol{B}=(b_{ij})$ 都是 $m\times n$ 矩阵，那么 $\boldsymbol{A}=\boldsymbol{B}$ 当且仅当 $a_{ij}=b_{ij}(i=1,2,\cdots,m;j=1,2,\cdots,n)$，即矩阵中所有元素全部对应相等。

2）矩阵的加法与数乘

设 $\boldsymbol{A}=(a_{ij})_{m\times n}$，$\boldsymbol{B}=(b_{ij})_{m\times n}$，则

$$\boldsymbol{A}+\boldsymbol{B}=(a_{ij}+b_{ij})_{m\times n} \tag{2-7}$$

$$\lambda\boldsymbol{A}=(\lambda a_{ij})_{m\times n} \tag{2-8}$$

即 $\boldsymbol{A}+\boldsymbol{B}$ 是由 $\boldsymbol{A}$ 与 $\boldsymbol{B}$ 的所有对应元素分别相加得到的 $m\times n$ 型矩阵；$\lambda\boldsymbol{A}$ 是由数量 λ 与 $\boldsymbol{A}$ 的每个元素相乘而得到的 $m\times n$ 型矩阵。

此外，还定义 $\boldsymbol{A}-\boldsymbol{B}=\boldsymbol{A}+(-\boldsymbol{B})$，其中 $-\boldsymbol{B}=(-b_{ij})_{m\times n}$。

不难验证，同阶矩阵的加法运算满足以下三条规则：

$$\boldsymbol{A}+\boldsymbol{B}=\boldsymbol{B}+\boldsymbol{A}$$

$$\boldsymbol{A}+\boldsymbol{B}+\boldsymbol{C}=(\boldsymbol{A}+\boldsymbol{B})+\boldsymbol{C}=\boldsymbol{A}+(\boldsymbol{B}+\boldsymbol{C})$$

$$(\boldsymbol{A}+\boldsymbol{B})^{\mathrm{T}}=\boldsymbol{A}^{\mathrm{T}}+\boldsymbol{B}^{\mathrm{T}}$$

数乘运算满足以下四条规则：

$$1\boldsymbol{A}=\boldsymbol{A} \qquad \lambda(\mu\boldsymbol{A})=(\lambda\mu)\boldsymbol{A}$$

$$(\lambda+\mu)\boldsymbol{A}=\lambda\boldsymbol{A}+\mu\boldsymbol{A} \qquad \lambda(\boldsymbol{A}+\boldsymbol{B})=\lambda\boldsymbol{A}+\lambda\boldsymbol{B}$$

3）矩阵的乘法

设 $\boldsymbol{A}=(a_{ij})_{p\times m}$，$\boldsymbol{B}=(b_{ij})_{m\times n}$，$\boldsymbol{A}$ 与 $\boldsymbol{B}$ 的乘积 $\boldsymbol{AB}=\boldsymbol{C}=(c_{ij})$ 是一个 $p\times n$ 型矩阵，它的第 i 行、第 j 列元素为

学习笔记

$$c_{ij} = \sum_{k=1}^{m} a_{ik}b_{kj} = a_{i1}b_{1j} + a_{i2}b_{2j} + \cdots + a_{im}b_{mj}(i = 1,2,\cdots,p;j = 1,2,\cdots,n) \quad (2\text{-}9)$$

注意：乘积 AB 当且仅当 A 的列数与 B 的行数相等时才有意义，否则 A 不能左乘 B。

矩阵的乘法不满足交换律，即一般来说，$AB \neq BA$。当然，这并不是说任何情况下 AB 都不等于 BA。如果 $AB = BA$（此时 A 与 B 必为同阶方阵），则称 A 与 B 相乘可交换，简称 A 与 B 可交换。

根据矩阵的乘法定义，容易证明矩阵的乘法满足以下运算律：

$(AB)C = A(BC)$（结合律）

$\lambda(AB) = (\lambda A)B = A(\lambda B)$（其中 λ 是数量）

$A(B+C) = AB+AC$（左分配律）

$(B+C)P = BP+CP$（右分配律）

例 2-1 已知 $A = \begin{bmatrix} 2 & 0 & 3 \\ -1 & 1 & -2 \end{bmatrix}$，$B = \begin{bmatrix} 0 & 1 \\ 5 & 2 \\ 1 & -2 \end{bmatrix}$，则 $C = AB$ 是一个 2×2 型矩阵，

$D = BA$ 是一个 3×3 型矩阵。

$c_{11} = a_{11}b_{11}+a_{12}b_{21}+a_{13}b_{31} = 2\times0+0\times5+3\times1 = 3$

$c_{12} = a_{11}b_{12}+a_{12}b_{22}+a_{13}b_{32} = 2\times1+0\times2+3\times(-2) = -4$

$c_{21} = a_{21}b_{11}+a_{22}b_{21}+a_{23}b_{31} = (-1)\times0+1\times5+(-2)\times1 = 3$

$c_{22} = a_{21}b_{12}+a_{22}b_{22}+a_{23}b_{32} = (-1)\times1+1\times2+(-2)\times(-2) = 5$

$C = AB = \begin{bmatrix} 3 & -4 \\ 3 & 5 \end{bmatrix}$，同理 $D = BA = \begin{bmatrix} -1 & 1 & -2 \\ 8 & 2 & 11 \\ 4 & -2 & 7 \end{bmatrix}$。

二、向量及其运算

1. 向量的定义

描述机器人 TCP 点（工具中心点）的位移、速度、加速度和作用于物体的力、力矩等类型的量，既要指出大小，也要指明方向。这种既有大小又有方向的量称为**向量**（或**矢量**）。

向量有两个特征——大小和方向。方向是一个几何性质，它反映从一点 O 到另一点 P 的顺序关系，而两点之间又有一个距离。因此，常用有向线段 $\overrightarrow{OP}$ 表示向量，用其长度 $|\overrightarrow{OP}|$ 表示向量的大小（或称为向量的模），用箭头"→"表示向量的方向，即由端点 $O \to P$ 所指的方向，端点 O、P 分别叫作向量的起点和终点。也常用黑体字 a、b、x 等表示向量。

不考虑 a、b 向量的起点（通常把不考虑起点的几何向量称为自由向量），只要它们的大小相等、方向相同就称其为**等价向量**（或相等的向量，即 $a=b$）。

与 a 大小相等、方向相反的向量称为 a 的**反向量**（或负向量），记作 $-a$。显然

$$-(-a) = a$$

大小为零的向量叫作**零向量**，记作 0。零向量没有确定的方向，或说方向任意。长度为 1 的向量称为**单位向量**。

2. 向量的运算

1）向量的加法

根据机器人 TCP 点由 O 点移至 P_1 点、再由 P_1 点移至 P 点所得总位移 $\overrightarrow{OP}$，以及由两个力求合力的方法，定义向量的加法如下。

设 $a=\overrightarrow{OP_1}$，$b=\overrightarrow{OP_2}$，$a+b$ 是一个向量，它是以 a、b 为邻边的平行四边形中由点 O 与其相对的顶点 P 连成的向量 $\overrightarrow{OP}$，即 $a+b=\overrightarrow{OP}$，如图 2-1 所示。

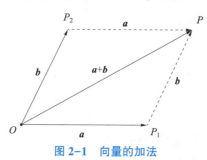

图 2-1　向量的加法

在图 2-1 中，$\overrightarrow{P_1P}=\overrightarrow{OP_2}=b$，因此，将 a 的终点与 b 的起点重合在一起，则由 a 的起点与 b 的终点相连的向量 $\overrightarrow{OP}=a+b$，这叫作求两个向量之和的三角形法（见图 2-1 中右边的三角形部分）。定义中求 $a+b$ 的方法叫作平行四边形法。

2）向量与数量的乘法

设 λ 是一个实数，定义 λ 与 a 的乘积是一个向量，其大小 $|\lambda a|=|\lambda||a|$；其方向为：$\lambda>0$ 时，λa 同 a 同向；$\lambda<0$ 时，λa 同 a 反向。

由数乘向量的定义，容易证明数乘向量的运算满足以下规则：

$$1a=a,(1)a=a$$
$$\mu(\lambda a)=(\mu\lambda)a$$
$$(\mu+\lambda)a=\mu a+\lambda a$$
$$\lambda(a+b)=\lambda a+\lambda b$$

3）内积或点积

向量 a 与 b 的内积 $a\cdot b$ 是一个实数，且

$$a\cdot b=|a|\cdot|b|\cos\theta \tag{2-10}$$

或

$$a\cdot b=a_xb_x+a_yb_y+a_zb_z \tag{2-11}$$

式中，θ 为 a 与 b 的夹角（θ 也常记作 $<a,b>$），并规定 $0\leq\theta\leq\pi$。a_x、a_y、a_z 表示向量 a 在空间直角坐标系下对应的坐标值；b_x、b_y、b_z 表示向量 b 在空间直角坐标系下对应的坐标值，且

$$\theta=\arccos\frac{(a\cdot b)}{|a||b|}$$

若 a 与 b 有一个是零向量，则规定 $a\cdot b=0$。

4）外积或叉积

除了内积，向量还有另一种乘积，称为向量的外积（也称叉积或向量积）。

向量 a 与 b 的外积 $a\times b$ 是一个向量，其长度为

$$|\boldsymbol{a}\times\boldsymbol{b}|=|\boldsymbol{a}||\boldsymbol{b}|\sin\theta \tag{2-12}$$

式中，θ 为 $\boldsymbol{a}$ 与 $\boldsymbol{b}$ 的夹角。

$\boldsymbol{a}\times\boldsymbol{b}$ 的方向为：（1）$\boldsymbol{a}\times\boldsymbol{b}$ 与 $\boldsymbol{a}$、$\boldsymbol{b}$ 都垂直；（2）$\boldsymbol{a}$、$\boldsymbol{b}$、$\boldsymbol{a}\times\boldsymbol{b}$ 按"右手法则"确定 $\boldsymbol{a}\times\boldsymbol{b}$ 的指向，即把 $\boldsymbol{a}$、$\boldsymbol{b}$、$\boldsymbol{a}\times\boldsymbol{b}$ 的起点放在一起，将右手的四指（不含拇指）伸开由 $\boldsymbol{a}$ 转到 $\boldsymbol{b}$（转过的角度为 θ），此时张开的拇指（与四指垂直）的指向就是 $\boldsymbol{a}\times\boldsymbol{b}$ 的方向，这种由 $\boldsymbol{a}$、$\boldsymbol{b}$ 确定 $\boldsymbol{a}\times\boldsymbol{b}$ 的指向的方法称为"右手法则"。

若 $\boldsymbol{a}$、$\boldsymbol{b}$ 有一个是零向量，规定 $\boldsymbol{a}\times\boldsymbol{b}=\boldsymbol{0}$。

三、空间点的位置描述

空间点 P 在空间中的位置如图 2-2 所示，可以用它相对于直角坐标系的三个坐标分量来表示，即

$$\boldsymbol{P}=P_x\boldsymbol{i}+P_y\boldsymbol{j}+P_z\boldsymbol{k} \tag{2-13}$$

式中，P_x、P_y、P_z 为参考坐标系中该点的坐标，$\boldsymbol{i}$、$\boldsymbol{j}$、$\boldsymbol{k}$ 是直角坐标系中 X、Y、Z 方向的单位坐标向量。

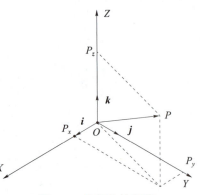

图 2-2　空间点的表示

四、有向线段的方位描述

空间中的有向线段可以由线段起点和终点的坐标来表示。如果一个有向线段的起点是点 A，终点是点 B，那么它可以表示为

$$\boldsymbol{P}_{AB}=(B_x-A_x)\boldsymbol{i}+(B_y-A_y)\boldsymbol{j}+(B_z-A_z)\boldsymbol{k}。$$

特殊情况下，如果一个有向线段的起点是原点，如图 2-2 所示，则有

$$\overrightarrow{OP}=\boldsymbol{P}=P_x\boldsymbol{i}+P_y\boldsymbol{j}+P_z\boldsymbol{k} \tag{2-14}$$

式中，P_x、P_y、P_z 为该有向线段在参考坐标系中的 3 个分量。称 $\overrightarrow{OP}=\{a,b,c\}$ 为向量 $\overrightarrow{OP}$ 的坐标式。也可以写成矩阵的形式，即

$$\boldsymbol{P}=\begin{bmatrix} P_x \\ P_y \\ P_z \end{bmatrix}$$

五、坐标系的方位描述

空间中任意点 P 或空间向量在不同坐标系中的坐标值是不同的。为了描述一个坐标系到另一个坐标系的变换关系，需要讨论两坐标系的位姿（位置和姿态）关系。

坐标系通常由三个互相正交的坐标轴来表示（例如 X、Y 和 Z）。但是工业机器人在任意给定的空间内可能有多个坐标系，例如大地坐标系、工具坐标系、工件坐标系等。因此定义一个固定的参考坐标系 $OXYZ$（例如工件坐标系），用 $O_bX_bY_bZ_b$ 来表示机器人运动时的其他坐标系（例如工具坐标系）。下面分两种情况来描述两坐标系之间的位姿关系。

1. 两坐标系共原点型

设工件坐标系 $\{O\}$ 与工具坐标系 $\{O_b\}$ 共原点，i、j、k 是工件坐标系的三个正交轴单位向量，i_b、j_b、k_b 是工具坐标系的三个正交轴单位向量，如图 2-3 所示，那么这两个坐标系的位姿关系可以用下列 3×3 的方阵来描述：

$$A = \begin{bmatrix} A_{11} & A_{12} & A_{13} \\ A_{21} & A_{22} & A_{23} \\ A_{31} & A_{32} & A_{33} \end{bmatrix} = \begin{bmatrix} i \cdot i_b & i \cdot j_b & i \cdot k_b \\ j \cdot i_b & j \cdot j_b & j \cdot k_b \\ k \cdot i_b & k \cdot j_b & k \cdot k_b \end{bmatrix} \tag{2-15}$$

由上述方阵可得：方阵 A 的元素 A_{ij} 为这两个坐标系的单位坐标向量的点积。由式（2-10）可知，这些点积的值等于单位向量夹角的余弦值，这也是将矩阵 A 称为方向余弦阵的原因。通常用式（2-15）表述的方向余弦阵来描述共原点的两坐标系的位姿关系。

2. 两坐标系不共原点型

设工件坐标系 $\{O\}$ 为固定坐标系，机器人在执行程序指令过程中，TCP 点处于一直变化中。因此，工具坐标系 $\{O_b\}$ 为运动坐标系，$\{O\}$ 与 $\{O_b\}$ 不共原点（见图 2-4），可用下列矩阵来描述这两个坐标系之间的位姿关系，即

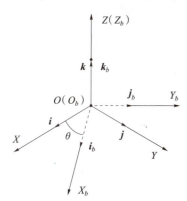

图 2-3　共原点型坐标系表示

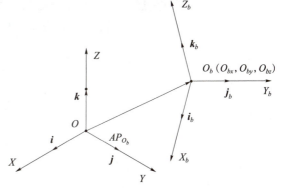

图 2-4　不共原点型坐标系表示

$$B = \begin{bmatrix} B_{11} & B_{12} & B_{13} & B_{14} \\ B_{21} & B_{22} & B_{23} & B_{24} \\ B_{31} & B_{32} & B_{33} & B_{34} \\ 0 & 0 & 0 & 1 \end{bmatrix} = \begin{bmatrix} i \cdot i_b & i \cdot j_b & i \cdot k_b & O_{bx} \\ j \cdot i_b & j \cdot j_b & j \cdot k_b & O_{by} \\ k \cdot i_b & k \cdot j_b & k \cdot k_b & O_{bz} \\ 0 & 0 & 0 & 1 \end{bmatrix} \tag{2-16}$$

矩阵 B 中的元素 B_{14}、B_{24}、B_{34} 表示运动坐标系 $\{O_b\}$ 的原点 O_b 在固定坐标系 $\{O\}$ 的坐标值，若用一个矩阵来表示，即

$$O_b^O = \begin{bmatrix} O_{bx} \\ O_{by} \\ O_{bz} \end{bmatrix}$$

根据分块矩阵相关知识，矩阵 B 可以简化表示为

$$B = \begin{bmatrix} A & O_b^O \\ 0 & 1 \end{bmatrix}$$

也即是，方向余弦阵 A 表示两坐标系的姿态关系，位置向量 O_b^0 表示运动坐标系 $\{O_b\}$ 的原点 O_b 在固定坐标系 $\{O\}$ 的位置。

例 2-2　如图 2-5 所示，在工业机器人写字任务中，坐标系 $\{Workobject\_1\}$ 为一固定坐标系，坐标系 $\{Workobject\_2\}$ 处于运动状态。初始状态，$\{Workobject\_1\}$ 与 $\{Workobject\_2\}$ 重合。经过一段时间后，$\{Workobject\_2\}$ 绕着 Z 轴逆时针旋转了 $\theta = 60°$，试用方向余弦阵 A 分别表示运动初始状态和运动终了状态两坐标系的位姿关系。

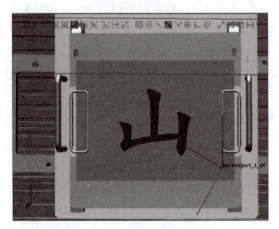

图 2-5　共原点坐标系表示实例

解：（1）运动初始状态。两坐标系完全重合，根据方向余弦阵的性质可知，其方向余弦阵是一个三阶单位阵，即

$$A = \begin{bmatrix} 1 & 0 & 0 \\ 0 & 1 & 0 \\ 0 & 0 & 1 \end{bmatrix}$$

（2）运动终了状态。根据式（2-15），可写出方向余弦阵为

$$A = \begin{bmatrix} A_{11} & A_{12} & A_{13} \\ A_{21} & A_{22} & A_{23} \\ A_{31} & A_{32} & A_{33} \end{bmatrix} = \begin{bmatrix} i \cdot i_b & i \cdot j_b & i \cdot k_b \\ j \cdot i_b & j \cdot j_b & j \cdot k_b \\ k \cdot i_b & k \cdot j_b & k \cdot k_b \end{bmatrix} = \begin{bmatrix} 0.5 & -0.866 & 0 \\ 0.866 & 0.5 & 0 \\ 0 & 0 & 1 \end{bmatrix}$$

例 2-3　如图 2-6 所示，在工业机器人写字任务中，坐标系 $\{Workobject\_1\}$ 为一固定坐标系，坐标系 $\{Workobject\_2\}$ 处于运动状态。初始状态时，$\{Workobject\_1\}$ 与 $\{Workobject\_2\}$ 重合。经过一段时间后，$\{Workobject\_2\}$ 线性运动到点 P，P 在 $\{Workobject\_1\}$ 中的坐标值为（50，40，0），然后绕着 Z 轴逆时针旋转 $30°$，用方向余弦阵 B 表示运动终了状态两坐标系的位姿关系。

解：运动终了状态。根据式（2-16），可写出方向余弦阵为

$$B = \begin{bmatrix} B_{11} & B_{12} & B_{13} & B_{14} \\ B_{21} & B_{22} & B_{23} & B_{24} \\ B_{31} & B_{32} & B_{33} & B_{34} \\ 0 & 0 & 0 & 1 \end{bmatrix} = \begin{bmatrix} i \cdot i_b & i \cdot j_b & i \cdot k_b & O_{bx} \\ j \cdot i_b & j \cdot j_b & j \cdot k_b & O_{by} \\ k \cdot i_b & k \cdot j_b & k \cdot k_b & O_{bz} \\ 0 & 0 & 0 & 1 \end{bmatrix} = \begin{bmatrix} 0.866 & -0.5 & 0 & 50 \\ 0.5 & 0.866 & 0 & 40 \\ 0 & 0 & 1 & 0 \\ 0 & 0 & 0 & 1 \end{bmatrix}$$

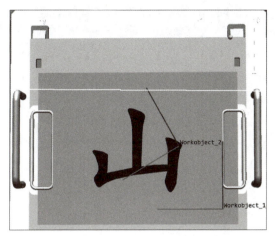

图 2-6　不共原点坐标系表示实例

六、刚体的位姿描述

刚体是指在运动中和受力作用后，形状和大小不变，而且内部各点的相对位置不变的物体。

机器人的每一个连杆均可以视为一个刚体，如果刚体上某一点的位置和该刚体在空间中的姿态是已知的，那么这个刚体在空间中是唯一确定的，可以用位姿矩阵来描述该刚体的位姿。

如图 2-7 所示，$\{O\}$ 系为一固定坐标系，设有一运动椭圆刚体 A，以椭圆的对称中心为坐标原点，建立运动坐标系 $\{O_b\}$。该椭圆刚体 A 的位姿可由式（2-16）所示的矩阵表示，即

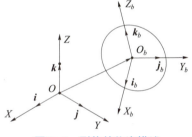

图 2-7　刚体的位姿描述

$$R_b^O = \begin{bmatrix} i \cdot i_b & i \cdot j_b & i \cdot k_b & O_{bx} \\ j \cdot i_b & j \cdot j_b & j \cdot k_b & O_{by} \\ k \cdot i_b & k \cdot j_b & k \cdot k_b & O_{bz} \\ 0 & 0 & 0 & 1 \end{bmatrix} = \begin{bmatrix} A_b^O & O_b^O \\ 0 & 1 \end{bmatrix}$$

式中，$A_b^O = \begin{bmatrix} i \cdot i_b & i \cdot j_b & i \cdot k_b \\ j \cdot i_b & j \cdot j_b & j \cdot k_b \\ k \cdot i_b & k \cdot j_b & k \cdot k_b \end{bmatrix}$，$O_b^O = $

$[O_{bx} \quad O_{by} \quad O_{bz}]^T$，表示刚体的坐标原点在固定坐标系 $\{O\}$ 中的坐标值。

例 2-4　如图 2-8 所示，$\{O\}$ 为固定坐标系，$\{O_b\}$ 为固定连接于刚体的运动坐标系，坐标原点位于 O_b^O 点，在固定坐标系中的坐标为 $O_b^O = [8 \quad 6 \quad 0]^T$。$\{O\}$ 系与 $\{O_b\}$ 系的 Z 轴均与页面垂直，$\{O_b\}$ 系相对于 $\{O\}$ 系绕 Z 轴旋

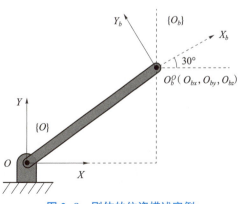

图 2-8　刚体的位姿描述实例

转 30°，写出表示刚体位姿的坐标系 $\{O_b\}$ 的位姿矩阵。

解：

$$
\boldsymbol{R}_b^O = \begin{bmatrix} \boldsymbol{i} \cdot \boldsymbol{i}_b & \boldsymbol{i} \cdot \boldsymbol{j}_b & \boldsymbol{i} \cdot \boldsymbol{k}_b & O_{bx} \\ \boldsymbol{j} \cdot \boldsymbol{i}_b & \boldsymbol{j} \cdot \boldsymbol{j}_b & \boldsymbol{j} \cdot \boldsymbol{k}_b & O_{by} \\ \boldsymbol{k} \cdot \boldsymbol{i}_b & \boldsymbol{k} \cdot \boldsymbol{j}_b & \boldsymbol{k} \cdot \boldsymbol{k}_b & O_{bz} \\ 0 & 0 & 0 & 1 \end{bmatrix} = \begin{bmatrix} 1 \cdot 1 \cdot \cos 30° & 1 \cdot 1 \cdot \cos 120° & 1 \cdot 1 \cdot \cos 90° & 8 \\ 1 \cdot 1 \cdot \cos 60° & 1 \cdot 1 \cdot \cos 30° & 1 \cdot 1 \cdot \cos 90° & 6 \\ 1 \cdot 1 \cdot \cos 90° & 1 \cdot 1 \cdot \cos 90° & 1 \cdot 1 \cdot \cos 0° & 0 \\ 0 & 0 & 0 & 1 \end{bmatrix}
$$

$$
= \begin{bmatrix} 0.866 & -0.5 & 0 & 8 \\ 0.5 & 0.866 & 0 & 6 \\ 0 & 0 & 1 & 0 \\ 0 & 0 & 0 & 1 \end{bmatrix}
$$

任务二　工业机器人的坐标系

任务引入

工业机器人是一个复杂的机电一体化设备，通常采用坐标系来准确地描述机器人的位姿。常用的 6 轴串联机器人可以看成由一系列旋转和摆动关节在空间组成的多刚体系统。因此，机器人的位姿描述问题也属于空间几何学问题。把空间几何学的问题归结成易于理解的代数形式的问题，用代数的方法构建出机器人的数学模型，从而进行计算、证明，达到最终解决几何问题的目的。

任务目标

知识目标	能力目标	素质目标
（1）掌握直角坐标系的定义及右手判定法则； （2）掌握圆柱坐标系的定义； （3）掌握球坐标系的定义； （4）掌握大地坐标系、基坐标系、用户坐标系、工具坐标系和工件坐标系标定 TCP 点位置的方法	（1）能够区分常见工业机器人的坐标系类型； （2）能够用右手判定法则判定直角坐标系型机器人的 X、Y、Z 轴； （3）能叙述常见笛卡儿坐标系的区别； （4）能够正确选用常用坐标系进行机器人编程	（1）形成良好的逻辑思维习惯； （2）养成严谨细致、一丝不苟的工作习惯

知识链接

一、直角坐标系

在平面上建立直角坐标系后，平面上任意一点的位置都可以用唯一的有序二维数组 (x, y) 来表示。

在空间建立三维直角坐标系后，空间中任意一点的位置都可以用唯一的有序三维数组 (x, y, z) 来表示。即空间的点 P 与三维有序数组 (x, y, z) 一一对应。如图 2-9 所示，取空间中三条相互垂直向量分别作为 X、Y、Z 轴，建立空间直角坐标系。图 2-10 所示为直角坐标系右手判定法则。利用直角坐标系可以把空间的点 P 与有序三维数组 (x, y, z) 建立起一一对应关系。图 2-11 所示为典型的直角坐标机器人机械结构。

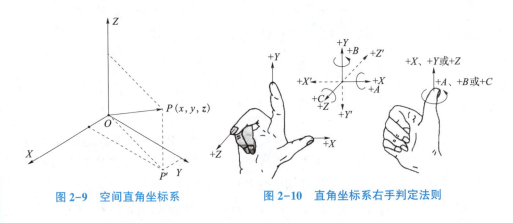

图 2-9　空间直角坐标系　　　　　　　图 2-10　直角坐标系右手判定法则

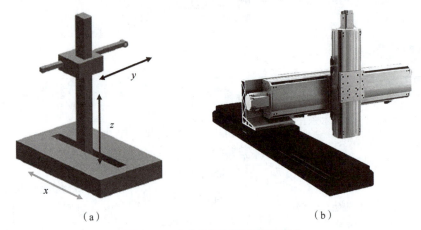

（a）　　　　　　　　　　　　　　　　　（b）

图 2-11　直角坐标机器人机械结构

（a）示意图；（b）实物图

　　直角坐标机器人具有空间上相互垂直的多个直线移动轴，通常为 3 个轴，通过直角坐标方向的 3 个独立自由度确定其末端执行器的空间位置，其动作空间为一长方体。

二、圆柱坐标系

　　如图 2-12（a）所示，在平面上建立极坐标系后，平面上任意一点 P 的位置都可以用唯一的有序二维数组 (r, θ) 来表示。其中 r 叫作极径，是点 P 到极点（相当于平面直角坐标系中的原点）的线段长度；θ 叫作极角，是以极点为起点，P 为终点的向量与极轴（相当于平面直角坐标系中的 x 轴）之间的夹角。

　　如图 2-12（b）所示，作一个与极坐标平面垂直的向量，这个向量是圆柱坐标系的竖轴。空间一点 P 在极坐标平面内的投影为点 $P'(r, \theta)$，P 在竖轴上的投影点为 $(0, P_z)$，则可以利用圆柱坐标系把空间的点 P 与有序三维数组 (r, θ, z) 建立起一一对应关系。图 2-13 所示为典型的圆柱坐标机器人机械结构。

三、球坐标系

　　如图 2-14 所示，P 为空间中一点，空间直角坐标系中的坐标值为 (P_x, P_y, P_z)。

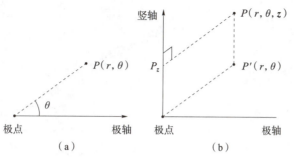

图 2-12　圆柱坐标系

（a）极坐标系；（b）圆柱坐标系

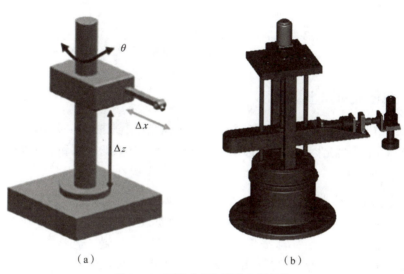

图 2-13　圆柱坐标机器人机械结构

（a）示意图；（b）实物图

在球坐标系中，P 点的位置也可以用有序三维数组 (r, θ, φ) 来表示。其中 r 为 P 点与原点 O 的距离；θ 为向量 $\overrightarrow{OP}$ 与 Z 轴正向的夹角；向量 $\overrightarrow{OP}$ 在 XOY 平面的投影为向量 $\overrightarrow{OP'}$，φ 为 $\overrightarrow{OP'}$ 与 X 轴正向的夹角。典型的球坐标机器人机械结构如图 2-15 所示。

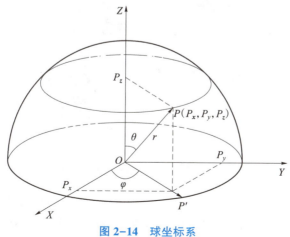

图 2-14　球坐标系

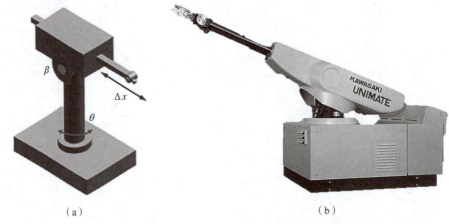

（a）　　　　　　　　　　　　　（b）

图 2-15　球坐标机器人机械结构

（a）示意图；（b）实物图

四、机器人常用坐标系

机器人 TCP 点的运动需要通过三维笛卡儿直角坐标系来描述。以 ABB 机器人为例，笛卡儿坐标系有大地坐标系、基坐标系、用户坐标系、工具坐标系和工件坐标系等。

1. 大地坐标系

大地坐标系也称为世界坐标系，如图 2-16 所示，它是以地面为基准的三维笛卡儿直角坐标系，可用来描述物体相对于地面的运动。在多机器人协同作业系统或使用机器人变位器的系统中，为了确定机器人（基座）的位置，需要建立大地坐标系。此外，如果机器人因作业需要，采用倒置或倾斜安装，大地坐标系也是设定基坐标系的基准。

通常情况下，地面垂直安装的机器人基坐标系与大地坐标系的方向一致，因此，对于常用的、地面垂直安装的单机器人系统，系统默认为大地坐标系和基坐标系重合，此时，可不设定大地坐标系。

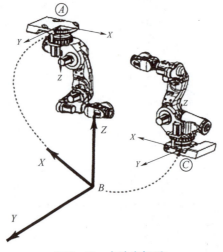

图 2-16　大地坐标系

2. 基坐标系

基坐标系也称为机器人坐标系，它是以机器人安装基座为基准、用来描述机器人本体运动的虚拟笛卡儿直角坐标系。基坐标系是描述机器人 TCP 点在三维空间运动所必需的基本坐标系，机器人的手动操作、程序自动运行、加工作业都离不开基坐标系，因此，任何机器人都需要有基坐标系。

基坐标系通常以腰回转轴线为 Z 轴，以机器人安装底面为 XY 平面，如图 2-17 所示。

3. 用户坐标系

用户坐标系是以图 2-18 所示的工装位置为基准来描述 TCP 点运动的虚拟笛卡儿直角坐标系，通常用于工装移动协同作业系统或多工位作业系统。

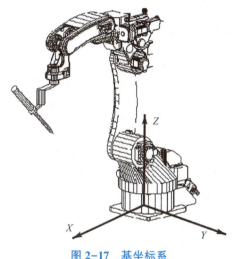

图 2-17 基坐标系

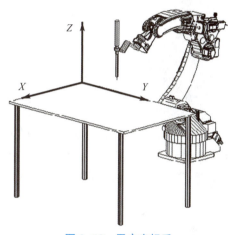

图 2-18 用户坐标系

通过建立用户坐标系，机器人在不同工位进行相同作业时，只需要改变用户坐标系，就能保证工具 TCP 点到达指令点，而无须对程序进行其他修改。

在 RAPID 程序中，用户坐标系可通过工件数据定义。对于通常的工件固定、机器人移动工具作业，用户坐标系以大地坐标系为基准建立；对于工具固定、机器人移动工件作业，用户坐标系则以手腕基准坐标系为基准建立。

4. 工具坐标系

工具坐标系是机器人作业必需的坐标系，建立工具坐标系的目的是确定工具的 TCP 点位置和安装方式（姿态）。通过建立工具坐标系，机器人使用不同的工具作业时，只需要改变工具坐标系，就能保证 TCP 点到达指令点，而无须对程序进行其他修改。

机器人手腕上的工具安装法兰面和中心点是工具的安装定位基准。以工具安装法兰中心点（TRP）为原点、垂直工具安装法兰面向外的方向为 Z 轴正向、手腕向机器人外侧运动的方向为 X 轴正向的虚拟笛卡儿直角坐标系，称为机器人的手腕基准坐标系。手腕基准坐标系是建立工具坐标系的基准，如未设定工具坐标系，控制系统将默认为工具坐标系和手腕基准坐标系重合。

工具坐标系是用来确定工具 TCP 点位置和工具方向（姿态）的坐标系，它通常是以 TCP 点为原点、以工具接近工件方向为 Z 轴正向的虚拟笛卡儿直角坐标系；常用的弧焊机器人的工具坐标系一般如图 2-19 所示。

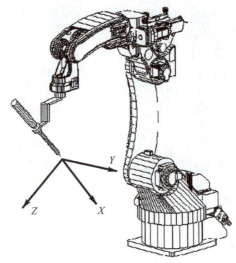

图 2-19　弧焊机器人的工具坐标系

5. 工件坐标系

工件坐标系是以工件为基准来描述 TCP 运动的虚拟笛卡儿坐标系，如图 2-20 所示。通过建立工件坐标系，机器人需要对不同工件进行相同作业时，只需要改变工件坐标系，就能保证工具 TCP 点到达指令点，而无须对程序进行其他修改。

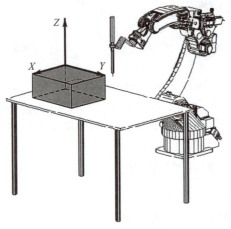

图 2-20　工件坐标系

工件坐标系可在用户坐标系的基础上建立，并允许有多个。对于工具固定、机器人用于工件移动的作业，必须通过工件坐标系来描述 TCP 点与工件的相对运动。

在 RAPID 程序中，工件坐标系同样需要通过工件数据定义；如果机器人仅用于单工件作业，系统默认为用户坐标系和工件坐标系重合，无须另行设定工件坐标系。

任务三　齐次坐标变换

　　工业机器人的运动包括单轴运动、线性运动、重定位运动以及多种运动的复合运动。单轴运动时，机器人的某一个轴单独旋转；线性运动时，工具坐标系做线性平移；重定位运动时，工具坐标系绕着坐标轴旋转。单轴运动可以由线性运动和重定位运动的复合运动来实现。因此，本任务我们主要学习线性运动、重定位运动及其复合运动的齐次坐标变换。

　　当工具坐标系相对于固定的参考坐标系运动时，我们可以用类似于表示坐标系的矩阵来表示这一运动。每次运动用一个变换矩阵来表示。多次运动可以用对应的多个变换矩阵的乘积来表示，这个积的矩阵称为齐次坐标变换矩阵。

任务目标

知识目标	能力目标	素质目标
（1）掌握线性运动坐标变换的方法； （2）掌握重定位运动坐标变换的方法； （3）掌握复合运动坐标变换的方法	（1）能完成线性运动坐标变换的简单计算； （2）能完成重定位运动坐标变换的简单计算； （3）能完成复合运动坐标变换的简单计算	（1）形成良好的逻辑思维习惯； （2）养成严谨细致、一丝不苟的工作习惯

知识链接

一、线性运动坐标变换

　　线性运动也叫直线运动，工业机器人在线性运动模式下，TCP点在两个点之间的路径轨迹始终保持为直线。因此线性运动常用于已知路径为直线的轨迹，如涂胶、焊接、切割等。

　　点在空间直角坐标系中的线性运动变换如图2-21所示，设有一固定直角坐标系$OXYZ$（简称$\{O\}$系）和一运动直角坐标系$O_bX_bY_bZ_b$（简称$\{O_b\}$系）。$\{O_b\}$系在空间以不变的姿态运动，它的方向单位向量与$\{O\}$系保持同一方向不变，所有的改变只是$\{O_b\}$系的坐标原点相对于$\{O\}$系的变化。$\{O_b\}$系相对于$\{O\}$系做线性运动的向量为

$$\boldsymbol{P}_{ob} = \begin{bmatrix} \Delta x \\ \Delta y \\ \Delta z \end{bmatrix}$$

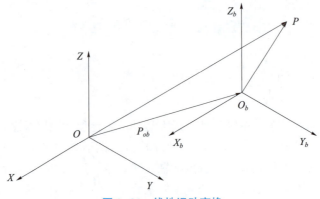

图 2-21　线性运动变换

式中，Δx、Δy 和 Δz 是 $\{O_b\}$ 坐标原点相对于固定坐标系 $\{O\}$ 坐标原点在 X、Y、Z 三个方向的平移量。

P 点在 $\{O\}$ 系中的坐标为 ^oP，在 $\{O_b\}$ 系中的坐标为 ^bP，相对于固定坐标系 $\{O\}$ 系的新的坐标系的位置可以用原来坐标系的原点位置向量加上表示位移的向量求得，即有下列关系式成立：

$$^oP = {}^bP + P_{ob} \tag{2-17}$$

式（2-17）称为线性运动变换方程。

也可以看成 $\{O_b\}$ 系的原点最初与 $\{O\}$ 系的原点重合，然后运动到图 2-21 的位置。若用矩阵形式，$\{O_b\}$ 系的表示可以通过 $\{O\}$ 系左乘变换矩阵得到，即

$$\boldsymbol{T}_{\text{new}} = \boldsymbol{Trans}(\Delta x, \Delta y, \Delta z) \times \boldsymbol{T}_{\text{old}} \tag{2-18}$$

式中，$\boldsymbol{T}_{\text{old}}$ 矩阵表示坐标系 $\{O_b\}$ 最初在坐标系 $\{O\}$ 中的位姿，$\boldsymbol{T}_{\text{new}}$ 矩阵表示坐标系 $\{O_b\}$ 最终在坐标系 $\{O\}$ 中的位姿。$\boldsymbol{Trans}(\Delta x, \Delta y, \Delta z)$ 表示变换矩阵。由于在线性运动坐标变换中，方向向量保持不变，变换矩阵可以表示为

$$\boldsymbol{Trans}(\Delta x, \Delta y, \Delta z) = \begin{bmatrix} 1 & 0 & 0 & \Delta x \\ 0 & 1 & 0 & \Delta y \\ 0 & 0 & 1 & \Delta z \\ 0 & 0 & 0 & 1 \end{bmatrix}$$

因此，新坐标系位姿可以通过在原坐标系矩阵前面左乘变换矩阵得到。方向向量经过线性运动变换后保持不变，但新坐标系的位姿是原坐标系位姿与变换矩阵对应分量叠加的结果。齐次线性变换矩阵与矩阵乘法的关系使得新矩阵的维数保持不变。

例 2-5　初始状态时，运动坐标系 $\{O_b\}$ 在固定坐标系 $\{O\}$ 中的位姿用矩阵 $\boldsymbol{T}_{\text{old}}$ 描述。经过一段时间的线性运动，运动坐标系 $\{O_b\}$ 沿固定坐标系 $\{O\}$ 的 X 轴移动了 3 个单位，沿 Z 轴移动了 6 个单位。求运动结束时，运动坐标系 $\{O_b\}$ 在固定坐标系 $\{O\}$ 中的位姿 $\boldsymbol{T}_{\text{new}}$。

$$\boldsymbol{T}_{\text{old}} = \begin{bmatrix} 0.5 & -0.866 & 0 & 5 \\ 0.866 & 0.5 & 0 & 3 \\ 0 & 0 & 1 & 8 \\ 0 & 0 & 0 & 1 \end{bmatrix}$$

解：

$$T_{\text{new}} = Trans(\Delta x, \Delta y, \Delta z) \times T_{\text{old}} = Trans(3,0,6) \times T_{\text{old}}$$

$$= \begin{bmatrix} 1 & 0 & 0 & 3 \\ 0 & 1 & 0 & 0 \\ 0 & 0 & 1 & 6 \\ 0 & 0 & 0 & 1 \end{bmatrix} \begin{bmatrix} 0.5 & -0.866 & 0 & 5 \\ 0.866 & 0.5 & 0 & 3 \\ 0 & 0 & 1 & 8 \\ 0 & 0 & 0 & 1 \end{bmatrix} = \begin{bmatrix} 0.5 & -0.866 & 0 & 8 \\ 0.866 & 0.5 & 0 & 3 \\ 0 & 0 & 1 & 14 \\ 0 & 0 & 0 & 1 \end{bmatrix}$$

二、重定位运动坐标变换

重定位运动是让机器人绕着工具坐标系的某个轴进行旋转，旋转过程中工具 TCP 点的绝对空间位置保持不变，最终实现机器人末端执行器位姿的改变。

点在空间直角坐标系中的重定位运动变换如图 2-22 所示，设有一固定坐标系 $OXYZ$（简称 $\{O\}$ 系）和一运动坐标系 $O_bX_bY_bZ_b$（简称 $\{O_b\}$ 系）。P 点为运动坐标系 $\{O_b\}$ 系中的一点，随着 $\{O_b\}$ 系一起运动。

初始状态，$\{O_b\}$ 系与 $\{O\}$ 系完全重合。此时，P 点在 $\{O\}$ 系和 $\{O_b\}$ 系中的坐标值相等。

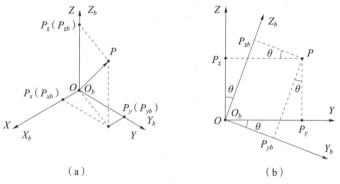

（a）   （b）

图 2-22　重定位运动变换

（a）重定位运动前；（b）重定位运动后 *YOZ* 平面视图

过一段时间后，运动坐标系 $\{O_b\}$ 系绕 X 轴顺时针（从 X 轴正向看）旋转了 θ。由于 P 点随着 $\{O_b\}$ 系一起运动，旋转后 P 点在 $\{O_b\}$ 系中的坐标值不变，用 $[P_{xb} \quad P_{yb} \quad P_{zb}]^{\text{T}}$ 表示，而 P 点在 $\{O\}$ 系中的坐标值发生了改变，用 $[P_x \quad P_y \quad P_z]^{\text{T}}$ 表示，它们存在如下关系。

1. P_x 值的关系

$$P_x = P_{xb}$$

2. P_y 值的关系

如图 2-23 所示，

$$P_y = OA + AB$$
$$= P_{zb}\sin\theta + CP$$
$$= P_{zb}\sin\theta + P_{yb}\cos\theta$$

3. P_z 值的关系

如图 2-24 所示，

$$P_z = OB = OA - AB$$
$$= P_{zb}\cos\theta - CD$$
$$= P_{zb}\cos\theta - P_{yb}\sin\theta$$

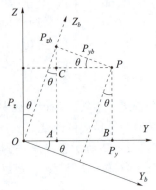 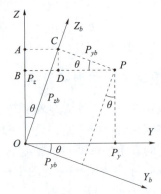

图 2-23　重定位运动中 P_y 值的关系　　　图 2-24　重定位运动中 P_z 值的关系

即 $\begin{bmatrix} P_x & P_y & P_z \end{bmatrix}^{\mathrm{T}}$ 与 $\begin{bmatrix} P_{xb} & P_{yb} & P_{zb} \end{bmatrix}^{\mathrm{T}}$ 存在如下关系：

$$P_x = P_{xb}$$
$$P_y = P_{zb}\sin\theta + P_{yb}\cos\theta$$
$$P_z = P_{zb}\cos\theta - P_{yb}\sin\theta$$

用矩阵形式表示为

$$\begin{bmatrix} P_x \\ P_y \\ P_z \end{bmatrix} = \begin{bmatrix} 1 & 0 & 0 \\ 0 & \cos\theta & \sin\theta \\ 0 & -\sin\theta & \cos\theta \end{bmatrix} \begin{bmatrix} P_{xb} \\ P_{yb} \\ P_{zb} \end{bmatrix} \tag{2-19}$$

由此可见，重定位运动完成后，P 点在固定坐标系 $\{O\}$ 系中的坐标矩阵，可以由 P 点在运动坐标系 $\{O_b\}$ 系中的坐标矩阵左乘一个旋转矩阵得到。绕 X 轴旋转的旋转矩阵可以表示为

$$\boldsymbol{Rot}(X,\theta) = \begin{bmatrix} 1 & 0 & 0 \\ 0 & \cos\theta & \sin\theta \\ 0 & -\sin\theta & \cos\theta \end{bmatrix}$$

注意：以上旋转矩阵为绕 X 轴顺时针（从 X 轴正向看）旋转的旋转矩阵。如果是绕 X 轴逆时针（从 X 轴正向看）旋转，可以将以上旋转矩阵的角度改为 $-\theta$，再利用三角函数的奇偶性：$\sin(-\theta) = -\sin\theta$，$\cos(-\theta) = \cos\theta$，得到旋转矩阵为

$$\boldsymbol{Rot}(X,-\theta) = \begin{bmatrix} 1 & 0 & 0 \\ 0 & \cos\theta & -\sin\theta \\ 0 & \sin\theta & \cos\theta \end{bmatrix}$$

同理，可以推导出绕 Y 轴顺时针（从 Y 轴正向看）旋转的旋转矩阵为

$$\boldsymbol{Rot}(Y,\theta) = \begin{bmatrix} \cos\theta & 0 & -\sin\theta \\ 0 & 1 & 0 \\ \sin\theta & 0 & \cos\theta \end{bmatrix}$$

则

$$\begin{bmatrix} P_x \\ P_y \\ P_z \end{bmatrix} = \boldsymbol{Rot}(Y,\theta) \begin{bmatrix} P_{xb} \\ P_{yb} \\ P_{zb} \end{bmatrix} \tag{2-20}$$

绕 Z 轴顺时针（从 Z 轴正向看）旋转的旋转矩阵为

$$\boldsymbol{Rot}(Z,\theta) = \begin{bmatrix} \cos\theta & \sin\theta & 0 \\ -\sin\theta & \cos\theta & 0 \\ 0 & 0 & 1 \end{bmatrix}$$

则

$$\begin{bmatrix} P_x \\ P_y \\ P_z \end{bmatrix} = \boldsymbol{Rot}(Z,\theta) \begin{bmatrix} P_{xb} \\ P_{yb} \\ P_{zb} \end{bmatrix} \tag{2-21}$$

绕各个轴逆时针旋转的旋转矩阵可参考 $\boldsymbol{Rot}(X,-\theta)$ 的推导方法，这里不再一一叙述。

例2-6 运动坐标系中有一点 P，坐标为 $\begin{bmatrix} 1 & 2 & 1 \end{bmatrix}^\mathrm{T}$，$P$ 点随运动坐标系一起绕固定坐标系旋转。一段时间后，绕 X 轴顺时针（从 X 轴正向看）旋转了30°，计算旋转后 P 点在固定坐标系中的坐标。

解： 由式（2-19）得

$$\begin{bmatrix} P_x \\ P_y \\ P_z \end{bmatrix} = \begin{bmatrix} 1 & 0 & 0 \\ 0 & \cos\theta & \sin\theta \\ 0 & -\sin\theta & \cos\theta \end{bmatrix} \begin{bmatrix} P_{xb} \\ P_{yb} \\ P_{zb} \end{bmatrix} = \begin{bmatrix} 1 & 0 & 0 \\ 0 & \cos 30° & \sin 30° \\ 0 & -\sin 30° & \cos 30° \end{bmatrix} \begin{bmatrix} 1 \\ 2 \\ 1 \end{bmatrix} = \begin{bmatrix} 1 & 0 & 0 \\ 0 & 0.866 & 0.5 \\ 0 & -0.5 & 0.866 \end{bmatrix} \begin{bmatrix} 1 \\ 2 \\ 1 \end{bmatrix}$$

$$= \begin{bmatrix} 1 \\ 2.232 \\ -0.134 \end{bmatrix}$$

三、复合运动坐标变换

机器人在运动过程中，为了使得 TCP 点以合适的位姿准确到达目标点位，通常需要使用线性运动和重定位运动的复合运动。这时，我们可以根据机器人的运动顺序，分别进行线性运动和重定位运动的坐标变换，从而完成复合运动坐标变换。但一般情况下，复合运动坐标变换的顺序很重要，如果颠倒两个依次变换的顺序，结果将会有所不同。

假设运动坐标系 $\{O_b\}$ 系相对于固定坐标系 $\{O\}$ 系依次进行了以下三个坐标变换：

（1）首先绕 X 轴逆时针（从 X 轴正向看）旋转 α 角；

（2）其次沿 X 轴、Y 轴、Z 轴分别移动 Δx、Δy 和 Δz；

（3）最后绕 Z 轴顺时针（从 Z 轴正向看）旋转 β 角。

根据式（2-18）、式（2-19）、式（2-21），可分别写出三次坐标变换完成后的位姿矩阵，即

$$\boldsymbol{T}_{b1} = \boldsymbol{Rot}(X,-\alpha) \times \boldsymbol{T}_{\mathrm{old}}$$

$$T_{b2} = Trans(\Delta x, \Delta y, \Delta z) \times T_{b1}$$
$$T_{new} = Rot(Z, \beta) \times T_{b2}$$

即

$$T_{new} = Rot(Z, \beta) \times Trans(\Delta x, \Delta y, \Delta z) \times Rot(X, -\alpha) \times T_{old}$$

由此可见，每次变换后，该点相对于固定坐标系的坐标都是在该点之前坐标的基础上，左乘变换矩阵而得到。

例 2-7 运动坐标系中有一点 P，初始坐标值为 $[1 \quad 2 \quad 3]^T$。经过一段时间后，运动坐标系相对于固定坐标系完成了如下变换，计算变换完成后，P 点在固定坐标系中的坐标值。

（1）首先沿 X 轴、Y 轴、Z 轴正向分别移动 0、0 和 2；

（2）然后绕 X 轴逆时针（从 X 轴正向看）旋转 90°；

（3）最后绕 Y 轴顺时针（从 Y 轴正向看）旋转 90°。

解： 由式（2-18）、式（2-19）、式（2-20）写出三次变换后，对应的位姿矩阵为

$$
\begin{bmatrix} p_x \\ p_y \\ p_z \\ 1 \end{bmatrix} = Rot(Y, 90°) \times Rot(X, -90°) \times Trans(0,0,2) \times \begin{bmatrix} P_{xb} \\ P_{yb} \\ P_{zb} \\ 1 \end{bmatrix}
$$

$$
= \begin{bmatrix} \cos 90° & 0 & -\sin 90° & 0 \\ 0 & 1 & 0 & 0 \\ \sin 90° & 0 & \cos 90° & 0 \\ 0 & 0 & 0 & 1 \end{bmatrix} \times \begin{bmatrix} 1 & 0 & 0 & 0 \\ 0 & \cos 90° & -\sin 90° & 0 \\ 0 & \sin 90° & \cos 90° & 0 \\ 0 & 0 & 0 & 1 \end{bmatrix} \times \begin{bmatrix} 1 & 0 & 0 & 0 \\ 0 & 1 & 0 & 0 \\ 0 & 0 & 1 & 2 \\ 0 & 0 & 0 & 1 \end{bmatrix} \times \begin{bmatrix} 1 \\ 2 \\ 3 \\ 1 \end{bmatrix}
$$

$$
= \begin{bmatrix} 0 & 0 & -1 & 0 \\ 0 & 1 & 0 & 0 \\ 1 & 0 & 0 & 0 \\ 0 & 0 & 0 & 1 \end{bmatrix} \times \begin{bmatrix} 1 & 0 & 0 & 0 \\ 0 & 0 & -1 & 0 \\ 0 & 1 & 0 & 0 \\ 0 & 0 & 0 & 1 \end{bmatrix} \times \begin{bmatrix} 1 & 0 & 0 & 0 \\ 0 & 1 & 0 & 0 \\ 0 & 0 & 1 & 2 \\ 0 & 0 & 0 & 1 \end{bmatrix} \times \begin{bmatrix} 1 \\ 2 \\ 3 \\ 1 \end{bmatrix} = \begin{bmatrix} -2 \\ -5 \\ 1 \\ 1 \end{bmatrix}
$$

上述结果可以用图 2-25 进行验证。

例 2-8 在例 2-7 中，P 点初始状态不变，坐标值也为 $[1 \quad 2 \quad 3]^T$。运动坐标系相对于固定坐标系的变换内容相同，但变换顺序发生了如下变动。计算变换完成后，P 点在固定坐标系中的坐标值。

（1）首先绕 Y 轴顺时针（从 Y 轴正向看）旋转 90°；

（2）然后绕 X 轴逆时针（从 X 轴正向看）旋转 90°；

（3）最后沿 X 轴、Y 轴、Z 轴正向分别移动 0、0 和 2。

解： 由式（2-18）、式（2-19）、式（2-20）写出三次变换后，对应的位姿矩阵为

$$
\begin{bmatrix} P_x \\ P_y \\ P_z \\ 1 \end{bmatrix} = Trans(0,0,2) \times Rot(X, -90°) \times Rot(Y, 90°) \times \begin{bmatrix} P_{xb} \\ P_{yb} \\ P_{zb} \\ 1 \end{bmatrix}
$$

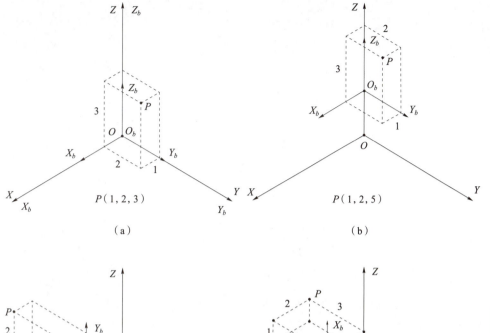

P(1,2,3)

（a）

P(1,2,5)

（b）

P(1,-5,2)

（c）

P(-2,-5,1)

（d）

图 2-25　对例 2-7 的验证

（a）旋转前；（b）沿 Z 轴正向移动 2 个单位；（c）绕 X 轴逆时针旋转 90°；（d）绕 Y 轴顺时针旋转 90°

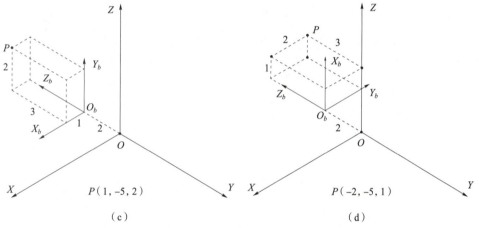

上述结果可以用图 2-26 进行验证。

从例 2-7 和例 2-8 中我们可以得出：虽然三种变换的变换内容完全相同，但由于变换的顺序发生改变，P 点在固定坐标系中的最终坐标值并不相同。

因此，我们在变换机器人 TCP 点的位姿时，除了要考虑变换的方式，还要充分考虑各种变换的先后顺序。只有这样，才能使机器人准确地到达我们所期望的位姿。

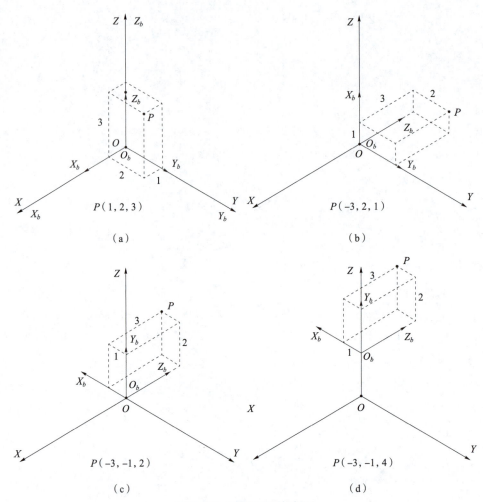

图 2-26　对例 2-8 的验证

（a）旋转前；（b）绕 Y 轴顺时针旋转 $90°$；（c）绕 X 轴逆时针旋转 $90°$；（d）沿 Z 轴正向移动 2 个单位

任务四　工业机器人运动学

任务引入

工业机器人，特别是应用范围最广的多关节机器人，实质上是由一系列关节连接而成的空间连杆开式链机构。工业机器人的运动学可以用一个开环关节链来建模，此链由数个刚体（连杆）以驱动器驱动的转动关节或平移关节串联而成。开环关节链的一端固定在机座上，另一端安装着各种工具（末端执行器），可以自由移动，用以完成搬运、装配、焊接、涂胶等作业。

关节的相对运动导致连杆的运动，使末端执行器处于我们期望的位姿（位置和姿态）。因此，在工业机器人的应用中，我们重点关注的是末端执行器相对于固定坐标系的空间描述。

任务目标

知识目标	能力目标	素质目标
（1）掌握直角坐标系型、圆柱坐标系型、球坐标系型机器人位置运动学方程的应用； （2）掌握直角坐标系型、圆柱坐标系型、球坐标系型机器人姿态运动学方程的应用	（1）能够进行简单的工业机器人位置运动学方程的计算； （2）能够进行简单的工业机器人姿态运动学方程的计算	（1）形成良好的逻辑思维习惯； （2）养成严谨细致、一丝不苟的工作习惯

知识链接

一、工业机器人运动学概述

工业机器人运动学包括正向运动学和逆向运动学。正向运动学即给定机器人各关节变量，计算机器人末端执行器的位姿；逆运动学是给定末端执行器相对于基座的位姿，以及所有连杆几何参数的情况下，求取机器人对应位置的全部关节变量，是正向运动学的逆过程。一般正向运动学的解是唯一和容易获得的，而逆向运动学的求解则相对复杂，并且可能出现多解或无解的情况。

为了方便理解，我们以两自由度的机器人的夹爪为例来说明。图2-27为两自由度机器人

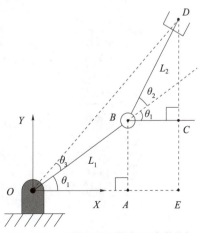

图 2-27　两自由度机器人运动学分析

的运动学分析示意图。不考虑机械臂的几何形状，将它抽象为两个刚性连杆，长度分别为 L_1 和 L_2，旋转角分别为 θ_1 和 θ_2。

分析机器人末端夹爪的运动时，应考虑工具 TCP 点 D 点的位姿。为简化分析过程，这里只分析 D 点的位置而不考虑夹爪的姿态。

D 点的坐标可以分别表示如下：

$$\begin{cases} x_D = OA + BC = L_1\cos\theta_1 + L_2\cos(\theta_1 + \theta_2) \\ y_D = AB + CD = L_1\sin\theta_1 + L_2\sin(\theta_1 + \theta_2) \end{cases} \tag{2-22}$$

在给定工业机器人中，连杆长度近似为不会发生改变，分别为 L_1、L_2。如果已知机器人的旋转角 θ_1、θ_2，计算其末端执行器位置 D 的运动学问题称为正运动学问题。

反之，如果已知末端执行器位置 D 的 x、y 坐标值，求解旋转角 θ_1、θ_2 的运动学问题称为逆运动学问题。

根据图 2-27 的几何关系，由余弦定理，求解得到：

$$\begin{cases} \theta_1 = \angle DOE - \theta_3 = \arctan\left(\dfrac{y}{x}\right) - \arccos\left(\dfrac{L_1^2 + OD^2 - L_2^2}{2L_1 \cdot |OD|}\right) = \arctan\left(\dfrac{y}{x}\right) - \arccos\left(\dfrac{L_1^2 + x^2 + y^2 - L_2^2}{2L_1\sqrt{x^2 + y^2}}\right) \\ \theta_2 = \pi - \angle DBO = \pi - \arccos\left(\dfrac{L_1^2 + L_2^2 - OD^2}{2L_1 L_2}\right) = \pi - \arccos\left(\dfrac{L_1^2 + L_2^2 - x^2 - y^2}{2L_1 L_2}\right) \end{cases}$$

$$\tag{2-23}$$

上述的正运动学、逆运动学统称为运动学。

二、位置的运动学方程

在工业机器人喷涂任务中，喷枪离产品的距离以及喷枪和产品之间的角度都会对喷涂效果产生影响。因此，我们需要严格控制喷枪的位姿。

首先通过线性运动控制喷枪到达预定的位置，即先确定位置的正逆运动学方程。喷枪到达指定位置后，调整喷枪的姿态，使喷枪保持与产品成 90°，即确定姿态的正逆运动学方程。图 2-28 所示为工业机器人喷涂作业场景。

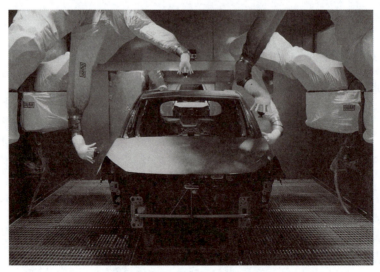

图 2-28　工业机器人喷涂作业

与喷涂作业类似，大部分工业机器人作业任务，都需要同时控制末端执行器的位置和姿态。

位置的正逆运动学方程需要根据工业机器人不同的坐标构型来确定，下面就探讨几种构型的情况。

1. 直角坐标系型

如图 2-11 所示，直角坐标机器人是以 XYZ 直角坐标系统为基本数学模型，以伺服电动机、步进电动机为驱动的单轴机械臂为基本工作单元，以滚珠丝杠、同步皮带、齿轮齿条为常用的传动方式所架构起来的机器人系统。机器人的末端执行器通过三个线性关节分别沿三个轴的运动来完成位置调整。

由于没有旋转运动，末端执行器 TCP 点的变换矩阵是一种简单的平移变换矩阵。注意这里只涉及坐标系原点的定位，而不涉及姿态。在直角坐标系中，表示机器人手位置的正运动学变换矩阵为

$$
{}^{O}\boldsymbol{T}_{\mathrm{TCP}} = \boldsymbol{T}_{\mathrm{cart}} =
\begin{bmatrix}
1 & 0 & 0 & \Delta x \\
0 & 1 & 0 & \Delta y \\
0 & 0 & 1 & \Delta z \\
0 & 0 & 0 & 1
\end{bmatrix}
\tag{2-24}
$$

式中，${}^{O}\boldsymbol{T}_{\mathrm{TCP}}$ 是固定坐标系与运动坐标系原点（一般为工具坐标系的 TCP 点）的变换矩阵，而 $\boldsymbol{T}_{\mathrm{cart}}$ 表示直角坐标变换矩阵，Δx、Δy、Δz 分别表示三个线性关节在 X、Y 和 Z 轴上的关节平移变量。对于逆运动学的求解，只需简单地设定期望的位置等于运动坐标系原点。

例 2-9　要求直角坐标机器人的工具坐标系 TCP 点定位在固定坐标系上的点 $\boldsymbol{P} = \begin{bmatrix} 4 & 3 & 7 \end{bmatrix}^{\mathrm{T}}$ 处，试计算工具坐标系相对固定坐标系所需要的关节平移变量。

解：设定正运动学方程用式（2-24）中的 ${}^{O}\boldsymbol{T}_{\mathrm{TCP}}$ 矩阵表示，根据期望的位置可得如下结果：

$$
{}^{O}\boldsymbol{T}_{\mathrm{TCP}} =
\begin{bmatrix}
1 & 0 & 0 & \Delta x \\
0 & 1 & 0 & \Delta y \\
0 & 0 & 1 & \Delta z \\
0 & 0 & 0 & 1
\end{bmatrix}
=
\begin{bmatrix}
1 & 0 & 0 & 4 \\
0 & 1 & 0 & 3 \\
0 & 0 & 1 & 7 \\
0 & 0 & 0 & 1
\end{bmatrix}
$$

由此矩阵可得到

$$
\Delta x = 4, \Delta y = 3, \Delta z = 7
$$

2. 圆柱坐标系型

如图 2-13 所示，圆柱坐标机器人包括两个线性平移运动和一个旋转运动。其坐标变换按照如下步骤进行：

（1）首先沿固定坐标系的 X 轴移动 Δx；

（2）然后绕固定坐标系的 Z 轴逆时针旋转 θ 角；

（3）最后沿固定坐标系的 Z 轴移动 Δz。

这三个变换建立了末端执行器上的工具坐标系与固定坐标系之间的联系。由于这些变换都是相对于固定坐标系的坐标轴的，因此由这三个变换所产生的总变换可以通过依次左乘每一个变换矩阵而求得，即

$$^O\boldsymbol{T}_{\text{TCP}} = \boldsymbol{T}_{\text{cyl}}(\Delta x, \theta, \Delta z) = \boldsymbol{Trans}(0,0,\Delta z)\boldsymbol{Rot}(Z,-\theta)\boldsymbol{Trans}(\Delta x,0,0)$$

$$^O\boldsymbol{T}_{\text{TCP}} = \begin{bmatrix} 1 & 0 & 0 & 0 \\ 0 & 1 & 0 & 0 \\ 0 & 0 & 1 & \Delta z \\ 0 & 0 & 0 & 1 \end{bmatrix} \begin{bmatrix} \cos\theta & -\sin\theta & 0 & 0 \\ \sin\theta & \cos\theta & 0 & 0 \\ 0 & 0 & 1 & 0 \\ 0 & 0 & 0 & 1 \end{bmatrix} \begin{bmatrix} 1 & 0 & 0 & \Delta x \\ 0 & 1 & 0 & 0 \\ 0 & 0 & 1 & 0 \\ 0 & 0 & 0 & 1 \end{bmatrix}$$

$$^O\boldsymbol{T}_{\text{TCP}} = \boldsymbol{T}_{\text{cyl}}(\Delta x, \theta, \Delta z) = \begin{bmatrix} \cos\theta & -\sin\theta & 0 & \Delta x\cos\theta \\ \sin\theta & \cos\theta & 0 & \Delta x\sin\theta \\ 0 & 0 & 1 & \Delta z \\ 0 & 0 & 0 & 1 \end{bmatrix} \quad (2-25)$$

例 2-10 假设要将圆柱坐标机器人工具坐标系的 TCP 点放在固定坐标系的 $[8 \quad 6 \quad 9]^{\text{T}}$ 处，试计算工具坐标系相对固定坐标系所需要的三个关节变量的值。

解：根据式（2-25）的 $\boldsymbol{T}_{\text{cyl}}$ 矩阵，将工具坐标系原点的位置分量设置为期望值，可以得到

$$\Delta z = 9$$

$$\Delta x\cos\theta = 8$$

$$\Delta x\sin\theta = 6$$

将以上结果中，第 2 式和第 3 式相除，可得

$$\tan\theta = \frac{3}{4}$$

求解此方程组，于是有

$$\begin{cases} \theta = 36.87° \\ \Delta x = 10 \end{cases} \quad \text{或} \quad \begin{cases} \theta = 216.87° \\ \Delta x = -10 \end{cases}$$

最终结果是

$$\begin{cases} \Delta x = 10 \\ \Delta z = 9 \\ \theta = 36.87° \end{cases} \quad \text{或} \quad \begin{cases} \Delta x = -10 \\ \Delta z = 9 \\ \theta = 216.87° \end{cases}$$

因此涉及旋转运动，求解圆柱坐标系的位置运动学方程更复杂。除了计算 Δx、Δz 的数值，还需要根据 $\sin\theta$、$\cos\theta$ 和 $\tan\theta$ 的正负值，判断 θ 所处的象限。在 $y = \tan\theta$ 在 $[-90°, +90°]$ 区间内为单调递增的函数，所以在此区间内，$\theta = \arctan\theta$；其余区间的 θ 值可根据表 2-1 求解。

表 2-1 圆柱坐标变换中 θ 角的计算

所在象限	$\sin\theta$ 符号	$\cos\theta$ 符号	θ 的范围	θ 的大小
第一象限	正	正	$(0, 90°)$	$\theta = \arctan\theta$
第二象限	正	负	$(90°, 180°)$	$\theta = 180° + \arctan\theta$
第三象限	负	负	$(180°, 270°)$	$\theta = 180° + \arctan\theta$
第四象限	负	正	$(270°, 360°)$	$\theta = 360° + \arctan\theta$

3. 球坐标系型

如图 2-15 所示，球坐标机器人包括一个线性平移运动和两个旋转运动，其坐标变换按照如下步骤进行：

（1）首先沿固定坐标系的 X 轴移动 Δx；

（2）然后绕固定坐标系的 Y 轴逆时针旋转 φ；

（3）最后绕固定坐标系的 Z 轴逆时针旋转 θ。

这三个变换建立了工具坐标系与固定坐标系之间的联系。由于这些变换都是相对于全局固定坐标系的坐标轴的，因此由这三个变换所产生的总变换可以通过依次左乘每一个矩阵而求得：

$$^{O}\boldsymbol{T}_{\text{TCP}} = \boldsymbol{T}_{sph}(\Delta x, \varphi, \theta) = \boldsymbol{Rot}(Z, -\theta)\boldsymbol{Rot}(Y, -\varphi)\boldsymbol{Trans}(\Delta x, 0, 0)$$

$$^{O}\boldsymbol{T}_{\text{TCP}} = \begin{bmatrix} \cos\theta & -\sin\theta & 0 & 0 \\ \sin\theta & \cos\theta & 0 & 0 \\ 0 & 0 & 1 & 0 \\ 0 & 0 & 0 & 1 \end{bmatrix} \begin{bmatrix} \cos\varphi & 0 & \sin\varphi & 0 \\ 0 & 1 & 0 & 0 \\ -\sin\varphi & 0 & \cos\varphi & 0 \\ 0 & 0 & 0 & 1 \end{bmatrix} \begin{bmatrix} 1 & 0 & 0 & \Delta x \\ 0 & 1 & 0 & 0 \\ 0 & 0 & 1 & 0 \\ 0 & 0 & 0 & 1 \end{bmatrix}$$

$$^{O}\boldsymbol{T}_{\text{TCP}} = \boldsymbol{T}_{sph} = \begin{bmatrix} \cos\theta \cdot \cos\varphi & -\sin\theta & \cos\theta \cdot \sin\varphi & \Delta x \cdot \cos\theta \cdot \cos\varphi \\ \sin\theta \cdot \cos\varphi & \cos\theta & \sin\theta \cdot \sin\varphi & \Delta x \cdot \sin\theta \cdot \cos\varphi \\ -\sin\varphi & 0 & \cos\varphi & -\Delta x \cdot \sin\varphi \\ 0 & 0 & 0 & 1 \end{bmatrix} \tag{2-26}$$

经过一系列变换后，式（2-26）前三列表示了工具坐标系的姿态，本小节我们只讨论工具坐标系的原点位置，即最后一列。显然，在球坐标运动中，由于存在旋转运动，工具坐标系的姿态也将改变，这一改变将在后面讨论。

球坐标的逆运动学方程比简单的直角坐标和圆柱坐标更复杂，因为两个角度 θ 和 φ 是耦合的。下面我们通过例题来说明如何求解球坐标的逆运动学方程。

例 2-11 假设要将球坐标机器人工具坐标系的 TCP 点放在固定坐标系的 $\begin{bmatrix} 8 & 6 & 9 \end{bmatrix}^{\text{T}}$ 处，试计算工具坐标系相对固定坐标系所需要的三个关节变量的值。

解：根据式（2-26）的 $\boldsymbol{T}_{sph}$ 矩阵，将工具坐标系原点的位置分量设置为期望值，可以得到

$$\Delta x \cdot \cos\theta \cdot \cos\varphi = 8$$
$$\Delta x \cdot \sin\theta \cdot \cos\varphi = 6$$
$$-\Delta x \cdot \sin\varphi = 9$$

将以上结果中，第 2 式和第 1 式相除，可得

$$\tan\theta = \frac{3}{4}$$

由第 2 式和第 3 式相除，可得

$$\begin{cases} \theta = 36.87° \\ \varphi = -41.99° \end{cases} \quad \text{或} \quad \begin{cases} \theta = 216.87° \\ \varphi = 41.99° \end{cases}$$

$$\begin{cases} \theta = 36.87° \\ \varphi = -41.99° \\ \Delta x = 13.45 \end{cases} \quad \text{或} \quad \begin{cases} \theta = 216.87° \\ \varphi = 41.99° \\ \Delta x = -13.45 \end{cases}$$

根据球坐标机器人三个关节变量的范围对这两组解进行检验，这两组解都能满足所有的位置变换。如果沿给定的三维坐标轴旋转这些角度，物理上的确能到达同一点。然而必须注意，其中只有一组解能满足姿态方程。换句话说，这两组解将产生同

样的位置，但处于不同的姿态。由于目前并不关心末端执行器在这点的姿态，因此两个位置解都是正确的。实际上，因为不能对三自由度的机器人指定姿态，所以无法确定两个解中哪一个和特定的姿态有关。

三、姿态的运动学方程

工业机器人末端执行器运动到期望位置后，工具坐标系仍然平行于参考坐标系。此时，需要调整末端执行器的姿态，以满足作业要求。

为了保证末端执行器的位置不发生改变，只能相对工具坐标系的各个轴旋转，此时要使用重定位运动。常见的绕工具坐标系的旋转主要有滚转角、俯仰角、偏航角。

如图 2-29 所示，飞机在飞行过程中，必须要参考自身坐标系进行姿态的实时调整，而不是参考大地坐标系进行姿态调整。而 RPY 角是描述飞机在空中飞行时姿态调整的一种方法。将飞机的航行方向取为 Z 轴，绕 Z 轴的旋转角（α 角）称为滚转角（又称 Roll，简称 R）；把绕 Y 轴的旋转角（β 角）称为俯仰角（又称 Pitch，简称 P）；而将绕 X 轴的旋转角（γ 角）称为偏航角（又称 Yaw，简称 Y）。

图 2-29　滚转角、俯仰角和偏航角

假设按照 RPY 的旋转顺序进行姿态调整，需要右乘 RPY 变换中与位姿改变有关的所有变换矩阵。

按照 R→P→Y 的顺序进行变换，变换矩阵可以表示为

$$RPY(\alpha,\beta,\gamma)=Rot(Z,\alpha)\,Rot(Y,\beta)\,Rot(X,\gamma)$$

$$=\begin{bmatrix} \cos\alpha\cos\beta & \cos\alpha\sin\beta\sin\gamma-\sin\alpha\cos\gamma & \cos\alpha\sin\beta\cos\gamma+\sin\alpha\sin\gamma & 0 \\ \sin\alpha\cos\beta & \sin\alpha\sin\beta\sin\gamma+\cos\alpha\cos\gamma & \sin\alpha\sin\beta\cos\gamma-\cos\alpha\sin\gamma & 0 \\ -\sin\beta & \cos\beta\sin\gamma & \cos\beta\cos\gamma & 0 \\ 0 & 0 & 0 & 1 \end{bmatrix}$$

这个矩阵仅表示了末端执行器相对于大地坐标系的姿态变化，不能反映出位置变化。该坐标系相对于参考坐标系的位置和姿态变化可以用表示位置变化的矩阵和 RPY 矩阵相乘求得。根据机器人坐标系形式的不同，其最终位姿也有所不同，具体有以下三种。

（1）直角坐标机器人，工具坐标系相对参考坐标系的最终位姿矩阵为

$$
\begin{aligned}
{}^{O}\boldsymbol{T}_{\text{TCP}} = \boldsymbol{T}_{\text{cart}+\text{RPY}} &= \boldsymbol{T}_{\text{cart}}\boldsymbol{RPY}(\alpha,\beta,\gamma) \\
&= \boldsymbol{Trans}(\Delta x,\Delta y,\Delta z)\boldsymbol{Rot}(Z,\alpha)\boldsymbol{Rot}(Y,\beta)\boldsymbol{Rot}(X,\gamma)
\end{aligned} \tag{2-27}
$$

（2）圆柱坐标机器人，工具坐标系相对参考坐标系的最终位姿矩阵为

$$
\begin{aligned}
{}^{O}\boldsymbol{T}_{\text{TCP}} = \boldsymbol{T}_{\text{cyl}+\text{RPY}} &= \boldsymbol{T}_{\text{cyl}}\boldsymbol{RPY}(\alpha,\beta,\gamma) \\
&= \boldsymbol{Trans}(0,0,\Delta z)\boldsymbol{Rot}(Z,-\theta)\boldsymbol{Trans}(\Delta x,0,0)\boldsymbol{Rot}(Z,\alpha)\boldsymbol{Rot}(Y,\beta)\boldsymbol{Rot}(X,\gamma)
\end{aligned} \tag{2-28}
$$

（3）球坐标机器人，工具坐标系相对参考坐标系的最终位姿矩阵为

$$
\begin{aligned}
{}^{O}\boldsymbol{T}_{\text{TCP}} = \boldsymbol{T}_{\text{sph}+\text{RPY}} &= \boldsymbol{T}_{\text{sph}}\boldsymbol{RPY}(\alpha,\beta,\gamma) \\
&= \boldsymbol{Rot}(Z,-\theta)\boldsymbol{Rot}(Y,-\varphi)\boldsymbol{Trans}(\Delta x,0,0)\boldsymbol{Rot}(Z,\alpha)\boldsymbol{Rot}(Y,\beta)\boldsymbol{Rot}(X,\gamma)
\end{aligned} \tag{2-29}
$$

一般情况下，机器人末端执行器相对固定坐标系的位姿矩阵是已知的，而 RPY 角的值是需要求解的。

包含 RPY 的运动学方程的解更复杂，因为这里有三个耦合角，所以需要所有三个角各自的正弦值和余弦值才能解出这个角。为解出这三个角的正弦值和余弦值，必须将这些角解耦。因此，可以将 $\boldsymbol{Rot}(Z,\alpha)$ 的逆矩阵左乘到方程两边，现以直角坐标系和 RPY 组合方式求解其逆运动学的解。

由式（2-27）进一步写出末端执行器相对于固定坐标系的位姿矩阵：

$$
\begin{aligned}
{}^{O}\boldsymbol{T}_{\text{TCP}} = \boldsymbol{T}_{\text{cart}+\text{RPY}} &= \boldsymbol{T}_{\text{cart}}\boldsymbol{RPY}(\alpha,\beta,\gamma) = \boldsymbol{Trans}(\Delta x,\Delta y,\Delta z)\boldsymbol{Rot}(Z,\alpha)\boldsymbol{Rot}(Y,\beta)\boldsymbol{Rot}(X,\gamma) \\
&= \begin{bmatrix}
\cos\alpha\cos\beta & \cos\alpha\sin\beta\sin\gamma-\sin\alpha\cos\gamma & \cos\alpha\sin\beta\cos\gamma+\sin\alpha\sin\gamma & \Delta x \\
\sin\alpha\cos\beta & \sin\alpha\sin\beta\sin\gamma+\cos\alpha\cos\gamma & \sin\alpha\sin\beta\cos\gamma-\sin\gamma\cos\alpha & \Delta y \\
-\sin\beta & \cos\beta\sin\gamma & \cos\beta\cos\gamma & \Delta z \\
0 & 0 & 0 & 1
\end{bmatrix}
\end{aligned} \tag{2-30}
$$

式（2-30）中，Δx、Δy 和 Δz 为直角坐标系逆运动学解的位置平移分量，可由给定的 TCP 的最终位置直接得出。下面求解 RPY 的三个角度。

设 $\boldsymbol{RPY}(\alpha,\beta,\gamma) = \boldsymbol{Rot}(Z,\alpha)\boldsymbol{Rot}(Y,\beta)\boldsymbol{Rot}(X,\gamma) = \begin{bmatrix} a_{11} & a_{12} & a_{13} & 0 \\ a_{21} & a_{22} & a_{23} & 0 \\ a_{31} & a_{32} & a_{33} & 0 \\ 0 & 0 & 0 & 1 \end{bmatrix}$

将 $\boldsymbol{Rot}(Z,\alpha)$ 的逆矩阵 $\boldsymbol{Rot}(Z,\alpha)^{-1}$ 左乘到方程两边，则

$$
\begin{aligned}
\boldsymbol{Rot}(Z,\alpha)^{-1}\boldsymbol{RPY}(\alpha,\beta,\gamma) &= \boldsymbol{Rot}(Z,\alpha)^{-1}\boldsymbol{Rot}(Z,\alpha)\boldsymbol{Rot}(Y,\beta)\boldsymbol{Rot}(X,\gamma) \\
&= \boldsymbol{Rot}(Y,\beta)\boldsymbol{Rot}(X,\gamma)
\end{aligned}
$$

将两式进行矩阵运算，可得

$$
\boldsymbol{Rot}(Z,\alpha)^{-1}\boldsymbol{RPY}(\alpha,\beta,\gamma) = \begin{bmatrix}
a_{11}\cos\alpha+a_{21}\sin\alpha & a_{12}\cos\alpha+a_{22}\sin\alpha & a_{13}\cos\alpha+a_{23}\sin\alpha & 0 \\
a_{21}\cos\alpha-a_{11}\sin\alpha & a_{22}\cos\alpha-a_{12}\sin\alpha & a_{23}\cos\alpha-a_{13}\sin\alpha & 0 \\
a_{31} & a_{32} & a_{33} & 0 \\
0 & 0 & 0 & 1
\end{bmatrix}
$$

$$
\boldsymbol{Rot}(Y,\beta)\boldsymbol{Rot}(X,\gamma) = \begin{bmatrix}
\cos\beta & \sin\beta\sin\gamma & \sin\alpha\cos\gamma & 0 \\
0 & \cos\gamma & -\sin\gamma & 0 \\
-\sin\beta & \cos\beta\sin\gamma & \cos\beta\cos\gamma & 0 \\
0 & 0 & 0 & 1
\end{bmatrix}
$$

由于矩阵 $Rot(Z,\alpha)^{-1}RPY(\alpha,\beta,\gamma)$ 和矩阵 $Rot(Y,\beta)Rot(X,\gamma)$ 相等，那么它们对应的元素也必须相等。因此，可以分别计算得出 α、β、γ 的值。

（1）计算 α 的值。

由两个矩阵第二行第一列元素相等得：$a_{21}\cos\alpha - a_{11}\sin\alpha = 0$，即

$$\alpha = \arctan\left(\frac{a_{21}}{a_{11}}\right)$$

（2）计算 β 的值。

由两个矩阵第三行第一列元素相等得：$a_{31} = -\sin\beta$；

由两个矩阵第一行第一列元素相等得：$\cos\beta = a_{11}\cos\alpha + a_{21}\sin\alpha$；

上面两式相除，可得：$\beta = \arctan\left(\dfrac{-a_{31}}{a_{11}\cos\alpha + a_{21}\sin\alpha}\right)$。

（3）计算 γ 的值。

由两个矩阵第二行第二列元素相等得：$\cos\gamma = a_{22}\cos\alpha - a_{12}\sin\alpha$；

由两个矩阵第二行第三列元素相等得：$-\sin\gamma = a_{23}\cos\alpha - a_{13}\sin\alpha$；

上面两式相除，可得：$\gamma = \arctan\left(\dfrac{a_{13}\sin\alpha - a_{23}\cos\alpha}{a_{22}\cos\alpha - a_{12}\sin\alpha}\right)$。

因此，RPY 的逆解为

$$\begin{cases} \alpha = \arctan\left(\dfrac{a_{21}}{a_{11}}\right) \\[2mm] \beta = \arctan\left(\dfrac{-a_{31}}{a_{11}\cos\alpha + a_{21}\sin\alpha}\right) \\[2mm] \gamma = \arctan\left(\dfrac{a_{13}\sin\alpha - a_{23}\cos\alpha}{a_{22}\cos\alpha - a_{12}\sin\alpha}\right) \end{cases} \qquad (2\text{-}31)$$

例 2-12 下面给出了一个直角坐标系+RPY 型机器人末端执行器所期望的最终位姿，求滚转角、俯仰角、偏航角和位移。

$$^{O}T_{\text{TCP}} = T_{\text{cart+RPY}} = \begin{bmatrix} 0.467 & -0.845 & 0.374 & 5.63 \\ 0.306 & 0.140 & 0.397 & 3.20 \\ -0.253 & 0.539 & 0.772 & 7.10 \\ 0 & 0 & 0 & 1 \end{bmatrix}$$

解： 根据式（2-30）可得

$$\Delta x = 5.63, \Delta y = 3.20, \Delta z = 7.10$$

根据式（2-31）可得

$$\alpha = \arctan\left(\frac{a_{21}}{a_{11}}\right) = \arctan\left(\frac{0.306}{0.467}\right) = 33.234°$$

$$\beta = \arctan\left(\frac{-a_{31}}{a_{11}\cos\alpha + a_{21}\sin\alpha}\right)$$

$$= \arctan\left(\frac{0.253}{0.467\cos 33.234° + 0.306\sin 33.234°}\right) = 24.385°$$

$$\gamma = \arctan\left(\frac{a_{13}\sin\alpha - a_{23}\cos\alpha}{a_{22}\cos\alpha - a_{12}\sin\alpha}\right)$$

$$= \arctan\left(\frac{0.374\sin 33.234° - 0.397\cos 33.234°}{0.140\cos 33.234° + 0.845\sin 33.234°}\right) = 167.658°$$

求圆柱坐标系+RPY、球坐标系+RPY 型机器人的方法与直角坐标系+RPY 型机器人类似。

四、多关节机器人的运动学方程

1. 多关节机器人的连杆参数及坐标变换

在多关节机器人运动学计算中，机器人每一个关节相对于上一个关节的位姿，理论上应该有 6 个自由度（位置 3 个，姿态 3 个），并用一个变换矩阵来表达，各关节的变换矩阵依次相乘，就得到了机器人的正向运动学方程，从而解算出机器人末端在机器人基坐标系中的位置和姿态。

但按照机器人的关节之间的相对关系，实际上是有约束的，所以没有必要用以上的复杂描述形式。

1955 年，Denavit 和 Hartenberg 发表了一篇相关论文，后来的机器人表示和建模就依据了这篇论文，成为表示机器人和机器人运动进行建模的标准方法，被称为Denavit–Hartenberg 参数模型，简称 D–H 模型。

D–H 模型表示了对机器人连杆和关节进行建模的一种非常简单的方法，可用于任何机器人构型，而不管机器人的结构顺序和复杂程度如何。例如，直角坐标、圆柱坐标、球坐标、欧拉角坐标及 RPY 坐标等。另外，它也可以用于表示全旋转的链式机器人、SCARA 机器人或任何可能的关节和连杆组合。

假设机器人由一系列关节和连杆组成。这些关节可能是平移（线性）的或旋转（转动）的，它们可以按任意的顺序放置并处于任意的平面。连杆也可以是任意的长度（包括零），它可能被弯曲或扭曲，也可能位于任意平面上。因此任何一组关节和连杆都可以构成一个我们想要建模和表示的机器人。

如图 2–30 所示，连杆 n 两端有关节 n 和 $n+1$。描述该连杆的两个几何参数为连杆长度和扭角。假设连杆两端的关节分别有其各自的关节轴线，参演情况下这两条轴线是空间异面直线。那么，这两条异面直线的公垂线的长度 a_n 即为连杆长度，这两条异面直线间的夹角 α_n 即为连杆扭角。当连杆两端的关节轴线平行时，连杆为平面结构，扭角 $\alpha_n = 0°$。

再考虑连杆 n 与相邻连杆 $n-1$ 的关系，可由连杆转角和连杆距离描述。关节 n 的轴线有两条公垂线 X_n 和 X_{n-1}，两

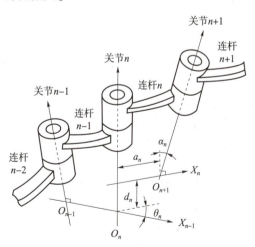

图 2–30 关节–连杆的 D–H 表示

条公垂线间的距离 d_n 即为连杆距离；垂直于关节 n 轴线的平面内两条公垂线的夹角 θ_n 即为连杆转角。当连杆 n 与相邻连杆 $n-1$ 的轴线平行时，机器人的关节做平面运动，连杆距离 $d_n = 0$。

这样，每个连杆可以由 4 个参数来描述，其中两个是连杆尺寸，另两个表示连杆与相邻连杆的连接关系，具体如表 2-2 所示。

表 2-2　连杆的参数

名称		含义	"±"号	性质
θ_n	转角	连杆 n 绕关节 n 的旋转轴的转角	右手法则	转动关节为变量，移动关节为常量
d_n	距离	连杆 n 沿关节 n 的旋转轴的位移	沿关节 n 的旋转轴正向为+	转动关节为常量，移动关节为变量
a_n	长度	沿 X_n 方向上连杆 n 的长度	与 X_n 正向一致	尺寸参数，常量
α_n	扭角	连杆 n 两关节轴线之间的扭角	右手法则	尺寸参数，常量

明确了连杆的参数后，D-H 参数法需要按照设定规则为每个连杆固连一个坐标系，之后就可以方便地描述一个连杆坐标系到相邻的下一个连杆坐标系的转换关系。实质就是把相邻坐标系的转换分解为了若干个步骤，每个步骤均只有一个参量。这几个步骤对应变换的组合就完成了相邻坐标系的变换。

为此，需要给每个关节指定一个参考坐标系，然后，确定从一个关节到下一个关节（一个坐标系到下一个坐标系）来进行变换的步骤。如果将从基座到第一个关节，再从第一个关节到第二个关节直至到最后一个关节的所有变换结合起来，就得到了机器人的总变换矩阵。将根据 D-H 表示法确定一个一般步骤来为每个关节指定参考坐标系，然后确定如何实现任意两个相邻坐标系之间的变换，最后写出机器人的总变换矩阵。

建立连杆坐标系 $\{n\}$ 的规则如下：

（1）连杆 n 坐标系的坐标原点位于 $n+1$ 关节轴线上，是关节 $n+1$ 的关节轴线与 n 和 $n+1$ 关节轴线公垂线的交点。

（2）坐标系的 Z 轴与 $n+1$ 关节的轴线重合。

（3）坐标系的 X 轴与公垂线重合，从 n 指向 $n+1$ 关节。

（4）坐标系的 Y 轴按右手法则确定。

各连杆坐标系建立后，$\{n-1\}$ 系与 $\{n\}$ 系之间的变换关系可用坐标系的平移、旋转来实现。从 $\{n-1\}$ 系到 $\{n\}$ 系的变换矩阵记为 $_n^{n-1}A$，变换步骤如下：

（1）令 $\{n-1\}$ 系绕 O_{n-1} 轴旋转 θ_n 角，使 X_{n-1} 轴与 X_n 轴方向一致，算子为 $Rot(Z_{n-1},\theta_n)$。

（2）沿 O_{n-1} 轴移动 d_n，使 X_{n-1} 轴与 X_n 轴重合，算子为 $Trans(0,0,d_n)$。

（3）沿 X_n 轴移动 a_n，使 $\{n-1\}$ 系与 $\{n\}$ 系坐标原点重合，算子为 $Trans(a_n,0,0)$。

（4）绕 X_n 轴旋转 α_n 角，使 $\{n-1\}$ 系与 $\{n\}$ 系重合，算子为 $Rot(X_n,\alpha_n)$。

因为这些变换是相对于运动坐标系描述的，按照"从左到右"的原则，该变换过程用一个总的变换矩阵 $_n^{n-1}A$ 来表示连杆 n 的齐次变换矩阵，即

$$_n^{n-1}A = Rot(Z_{n-1},\theta_n)Trans(0,0,d_n)Trans(a_n,0,0)Rot(X_n,\alpha_n)$$

$$= \begin{bmatrix} \cos\theta_n & -\sin\theta_n & 0 & 0 \\ \sin\theta_n & \cos\theta_n & 0 & 0 \\ 0 & 0 & 1 & 0 \\ 0 & 0 & 0 & 1 \end{bmatrix} \begin{bmatrix} 1 & 0 & 0 & 0 \\ 0 & 1 & 0 & 0 \\ 0 & 0 & 1 & d_n \\ 0 & 0 & 0 & 1 \end{bmatrix} \begin{bmatrix} 1 & 0 & 0 & a_n \\ 0 & 1 & 0 & 0 \\ 0 & 0 & 1 & 0 \\ 0 & 0 & 0 & 1 \end{bmatrix} \begin{bmatrix} 1 & 0 & 0 & 0 \\ 0 & \cos\alpha_n & -\sin\alpha_n & 0 \\ 0 & \sin\alpha_n & \cos\alpha_n & 0 \\ 0 & 0 & 0 & 1 \end{bmatrix}$$

$$= \begin{bmatrix} \cos\theta_n & -\sin\theta_n\cos\alpha_n & \sin\theta_n\sin\alpha_n & a_n\cos\theta_n \\ \sin\theta_n & \cos\theta_n\cos\alpha_n & -\cos\theta_n\sin\alpha_n & a_n\sin\theta_n \\ 0 & \sin\alpha_n & \cos\alpha_n & d_n \\ 0 & 0 & 0 & 1 \end{bmatrix}$$

实际应用中，多数机器人的连杆参数取特殊值，如 $\alpha_n = 0$ 或 $d_n = 0$，可以使计算简单且控制方便。

2. 斯坦福机器人的运动学方程

如图 2-31 所示，斯坦福机械手臂是一个球坐标手臂，即开始的两个关节是旋转的，第三个关节是滑动的，最后三个腕关节全是旋转关节。

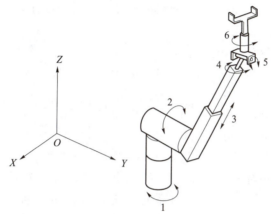

图 2-31　斯坦福机械手臂示意图

图 2-32 所示为斯坦福机器人各连杆的坐标系。表 2-3 给出了斯坦福机器人各连杆的参数。现在根据各连杆坐标系的关系写出齐次变换矩阵 $\boldsymbol{A}_i$。

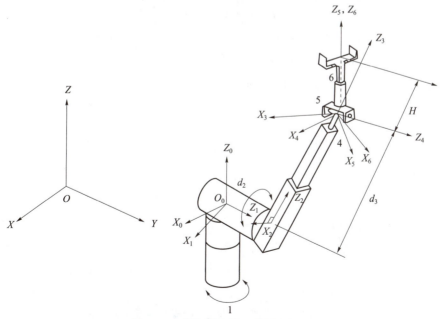

图 2-32　斯坦福机械手臂的坐标系

表 2-3　斯坦福机器人各连杆的参数

连杆号	关节转角 θ_n	两连杆距离 d_n	连杆长度 a_n	连杆扭角 α_n
连杆 1	θ_1	0	0	-90°
连杆 2	θ_2	d_2	0	90°
连杆 3	0	d_3	0	0°
连杆 4	θ_4	0	0	-90°
连杆 5	θ_5	0	0	90°
连杆 6	θ_6	0	0	0°

坐标系 {1} 与坐标系 {0} 是旋转关节连接，如图 2-33（a）所示。坐标系 {1} 相对于固定坐标系 {0} 的 Z_0 轴旋转 θ_1 角，然后绕自身坐标系 X_1 轴旋转 α_1 角，且 $\alpha_1 = -90°$。因此有：

$$A_1 = Rot(Z_0, \theta_1)\, Rot(X_1, \alpha_1)$$

$$= \begin{bmatrix} \cos\theta_1 & -\sin\theta_1 & 0 & 0 \\ \sin\theta_1 & \cos\theta_1 & 0 & 0 \\ 0 & 0 & 1 & 0 \\ 0 & 0 & 0 & 1 \end{bmatrix} \begin{bmatrix} 1 & 0 & 0 & 0 \\ 0 & 0 & 1 & 0 \\ 0 & -1 & 0 & 0 \\ 0 & 0 & 0 & 1 \end{bmatrix} = \begin{bmatrix} \cos\theta_1 & 0 & -\sin\theta_1 & 0 \\ \sin\theta_1 & 0 & \cos\theta_1 & 0 \\ 0 & -1 & 0 & 0 \\ 0 & 0 & 0 & 1 \end{bmatrix}$$

坐标系 {2} 与坐标系 {1} 是旋转关节连接，连杆距离为 d_2，如图 2-33（b）所示。坐标系 {2} 相对于坐标系 {1} 的 Z_1 轴旋转 θ_2 角，然后沿坐标系 {1} 的 Z_1 轴正向移动 d_2 距离，最后绕自身坐标系的 X_2 轴旋转 α_2 角，且 $\alpha_2 = 90°$。因此有：

$$A_2 = Rot(Z_1, \theta_2)\, Trans(0,0,d_2)\, Rot(X_2, \alpha_2)$$

$$= \begin{bmatrix} \cos\theta_2 & -\sin\theta_2 & 0 & 0 \\ \sin\theta_2 & \cos\theta_2 & 0 & 0 \\ 0 & 0 & 1 & 0 \\ 0 & 0 & 0 & 1 \end{bmatrix} \begin{bmatrix} 1 & 0 & 0 & 0 \\ 0 & 1 & 0 & 0 \\ 0 & 0 & 1 & d_2 \\ 0 & 0 & 0 & 1 \end{bmatrix} \begin{bmatrix} 1 & 0 & 0 & 0 \\ 0 & 0 & -1 & 0 \\ 0 & 1 & 0 & 0 \\ 0 & 0 & 0 & 1 \end{bmatrix}$$

$$= \begin{bmatrix} \cos\theta_2 & 0 & \sin\theta_2 & 0 \\ \sin\theta_2 & 0 & -\cos\theta_2 & 0 \\ 0 & 1 & 0 & d_2 \\ 0 & 0 & 0 & 1 \end{bmatrix}$$

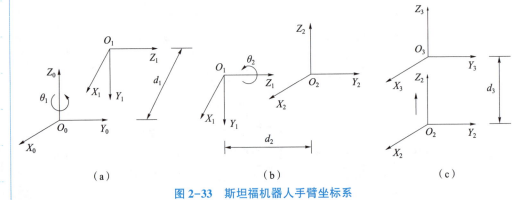

（a）　　　　　　　　　　　（b）　　　　　　　　　　　（c）

图 2-33　斯坦福机器人手臂坐标系

坐标系 {3} 与坐标系 {2} 是移动关节连接，如图 2-33（c）所示。坐标系 {3} 沿坐标系 {2} 的 Z_2 轴平移 d_3 距离。因此有：

$$A_3 = \textbf{Trans}(0,0,d_3) = \begin{bmatrix} 1 & 0 & 0 & 0 \\ 0 & 1 & 0 & 0 \\ 0 & 0 & 1 & d_3 \\ 0 & 0 & 0 & 1 \end{bmatrix}$$

如图 2-31 所示，斯坦福机器人手腕三个关节都是转动关节，关节变量为 θ_4、θ_5、θ_6，并且三个关节的中心重合。

如图 2-34（a）所示，坐标系 {4} 相对于坐标系 {3} 的 Z_3 轴旋转 θ_4 角，然后绕自身坐标系的 X_4 轴旋转 α_4 角，且 $\alpha_4 = -90°$。因此有：

$A_4 = \textbf{Rot}(Z_3,\theta_4)\textbf{Rot}(X_4,\alpha_4)$

$$= \begin{bmatrix} \cos\theta_4 & -\sin\theta_4 & 0 & 0 \\ \sin\theta_4 & \cos\theta_4 & 0 & 0 \\ 0 & 0 & 1 & 0 \\ 0 & 0 & 0 & 1 \end{bmatrix} \begin{bmatrix} 1 & 0 & 0 & 0 \\ 0 & 0 & 1 & 0 \\ 0 & -1 & 0 & 0 \\ 0 & 0 & 0 & 1 \end{bmatrix} = \begin{bmatrix} \cos\theta_4 & 0 & -\sin\theta_4 & 0 \\ \sin\theta_4 & 0 & \cos\theta_4 & 0 \\ 0 & -1 & 0 & 0 \\ 0 & 0 & 0 & 1 \end{bmatrix}$$

如图 2-34（b）所示，坐标系 {5} 相对于坐标系 {4} 的 Z_4 轴旋转 θ_5 角，然后绕自身坐标系的 X_5 轴旋转 α_5 角，且 $\alpha_5 = 90°$。因此有：

$A_5 = \textbf{Rot}(Z_4,\theta_5)\textbf{Rot}(X_5,\alpha_5)$

$$= \begin{bmatrix} \cos\theta_5 & -\sin\theta_5 & 0 & 0 \\ \sin\theta_5 & \cos\theta_5 & 0 & 0 \\ 0 & 0 & 1 & 0 \\ 0 & 0 & 0 & 1 \end{bmatrix} \begin{bmatrix} 1 & 0 & 0 & 0 \\ 0 & 0 & -1 & 0 \\ 0 & 1 & 0 & 0 \\ 0 & 0 & 0 & 1 \end{bmatrix} = \begin{bmatrix} \cos\theta_5 & 0 & \sin\theta_5 & 0 \\ \sin\theta_5 & 0 & -\cos\theta_5 & 0 \\ 0 & 1 & 0 & 0 \\ 0 & 0 & 0 & 1 \end{bmatrix}$$

如图 2-34（c）所示，坐标系 {6} 相对于坐标系 {5} 的 Z_5 轴旋转 θ_6 角，并沿 Z_5 轴移动距离 H。因此有：

$$A_6 = \textbf{Rot}(Z_5,\theta_6)\textbf{Trans}(0,0,H) = \begin{bmatrix} \cos\theta_6 & -\sin\theta_6 & 0 & 0 \\ \sin\theta_6 & \cos\theta_6 & 0 & 0 \\ 0 & 0 & 1 & H \\ 0 & 0 & 0 & 1 \end{bmatrix}$$

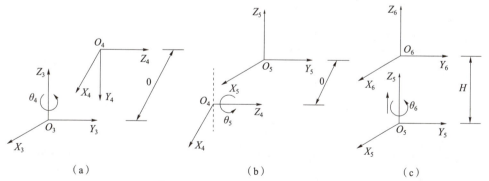

（a） （b） （c）

图 2-34 斯坦福机器人手腕坐标系

综上分析，所有杆的 A_i 矩阵已建立。如果要知道非相邻杆件间的关系，就用相应的 A_i 矩阵连乘即可，例如，计算连杆 6 与连杆 4 之间的关系：

$$^4T_6 = A_5A_6 = \begin{bmatrix} \cos\theta_5\cos\theta_6 & -\cos\theta_5\sin\theta_6 & \sin\theta_5 & H\sin\theta_5 \\ \sin\theta_5\cos\theta_6 & \sin\theta_5\sin\theta_6 & -\cos\theta_5 & H\cos\theta_5 \\ \sin\theta_6 & \cos\theta_6 & 1 & 0 \\ 0 & 0 & 0 & 1 \end{bmatrix}$$

$$^3T_6 = A_4A_5A_6$$
$$^2T_6 = A_3A_4A_5A_6$$
$$^1T_6 = A_2A_3A_4A_5A_6$$

则斯坦福机器人的运动学方程为

$$^0T_6 = A_1A_2A_3A_4A_5A_6$$

方程$^0T_6$右边的结果就是最后一个坐标系 {6} 的位姿矩阵，各元素均为θ_i和d_i的函数。当θ_i和d_i给出后，可以计算出斯坦福机器人末端执行器坐标系 {6} 的位置向量p和姿态向量n、o、a。这就是斯坦福机器人末端执行器位姿的解。

项目工单（二）

组名：	组员：	学号：	组内评价：	成绩：

任务描述：（1）认识工业机器人常用的坐标系。

　　　　　（2）正确选择坐标系，完成工业机器人的位姿调整。

任务目的：（1）掌握工业机器人不同坐标系类型的应用。

　　　　　（2）掌握不同坐标系下，工业机器人的运动规律，并在调整工业机器人位姿时，能正确选择相应坐标系。

任务实施：

　（1）在教师的指导下，学生在工业机器人综合实训基地认识工业机器人主要的坐标系，学生能区分出各个坐标系的原点和 X、Y、Z 轴方向。

　（2）利用数字化教学资源和实训设备，让学生了解工业机器人在各个坐标系下的运动特点。

　（3）在教师的指导下，学生在工业机器人实训平台上选择合适的坐标系，调整工业机器人位姿。

检查与评估

反馈信息描述	产生问题的原因	解决问题的方法	评估结果

能力提高：

　（1）简述建立工业机器人工件坐标系、工具坐标系的方法。

　（2）简述调整工业机器人位姿的一般步骤。

指导教师评语：

任务完成人签字：　　　　　　　　　日期：　　　年　　月　　日

习题

1. 坐标系通常由三个互相_____的坐标轴来表示。

2. 重定位操作时，一般使用_____坐标系。

3. 工件坐标系中的用户框架是相对于_____坐标系创建的。

4. 对机器人进行编程时，是在_____坐标系中创建目标和路径。

5. 右手法则判定直角坐标系的 X、Y、Z 轴时，大拇指指向_____轴，食指指向_____轴，中指指向_____轴。

6. 球坐标系有_____个旋转分量和_____个平移分量。

7. 机器人需要对不同工件进行相同作业时，只需要改变_____坐标系，就能保证 TCP 点到达指令点，而无须对程序进行其他修改。

8. 建立_____坐标系的目的是确定工具的 TCP 点位置和安装方式。

9. 工业机器人在线性运动模式下，TCP 点在两个点之间的路径轨迹始终保持为_____。

10. 重定位运动是让机器人绕着_____的某个轴进行旋转，旋转过程中工具_____点的绝对空间位置保持不变。

11. 简述工件坐标系在工业机器人编程中的主要应用。

12. 简述定义工业机器人工具坐标系的步骤。

13. 现有一位姿如下的坐标系 {b}，相对于固定坐标系 $d = \begin{bmatrix} 2 & 4 & 5 \end{bmatrix}^T$ 的距离，求该坐标系相对固定坐标系的新位姿。

$$B = \begin{bmatrix} 0 & 2 & 1 & 2 \\ -1 & 0 & 0 & 3 \\ 1 & 0 & 3 & 5 \\ 0 & 0 & 0 & 1 \end{bmatrix}$$

14. 有一运动坐标系 {b}，其上有一空间点 P，其坐标为 $^bP = \begin{bmatrix} 5 & 4 & 3 \end{bmatrix}^T$。起始状态：运动坐标系 {b} 与固定坐标系 {O} 重合。经过一段时间后，运动坐标系 {b} 相对固定坐标系 {O} 做了如下变换：

（1）首先绕固定坐标系 {O} 的 X 轴旋转了 -90°。

（2）然后沿固定坐标系 {O} 的 X 轴正向平移 3 个单位，沿 Y 轴负向平移 4 个单位。

（3）最后绕固定坐标系 {O} 的 Z 轴旋转了 90°。

求转换后该点在固定坐标系中的坐标。

项目三　机器人机械机构认知

　　工业机器人的种类、工作环境等各不相同，但它们也有一个共同点，即工业机器人的基本组成是相同的。工业机器人由三大组成部分、六个组成系统构成。其组成部分主要由机械部分、传感部分、控制部分构成，组成系统主要由驱动系统、机械结构系统、感知系统、机器人–环境交互系统、人机交互系统、控制系统构成。本项目具体介绍工业机器人的机械结构系统。

项目目标

知识目标	能力目标	素质目标
（1）掌握工业机器人机械结构系统的组成和分类； （2）熟悉机器人移动装置常用机构分类及其特点； （3）熟悉机器人的常用传动机构的特点	（1）能够熟练分析机器人各机械结构的特点和性能； （2）能够精准地对机器人移动装置进行分类并掌握其特点； （3）能够准确把握机器人传动机构的特点及应用范围	（1）培养学生精益求精的工匠精神； （2）提升学生分析问题并解决问题的能力

任务一　机器人机械构造

任务引入

要想了解机器人就要对其机械机构系统的每个组成部分了如指掌，就像我们人类了解自己的身体一样。图3-1所示为机器人机械结构，请问你了解多少呢？请指出图中1~14分别是什么。

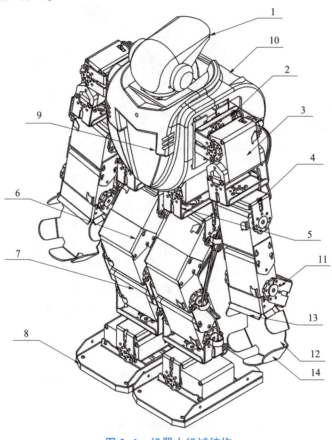

图3-1　机器人机械结构

任务目标

知识目标	能力目标	素质目标
（1）掌握工业机器人机械结构的各个组成部分及其分类； （2）掌握工业机器人机械结构的各个组成部分的作用和应用场合	（1）能够精准地辨别出工业机器人末端执行器的类别和应用场合； （2）能够辨别机器人机身与手臂的配置形式	通过分析机械结构特点培养学生精益求精的工匠精神

知识链接

如图 3-2 所示，工业机器人的机械结构系统由机身、臂部（手臂）、腕部（手腕）、手部（末端执行器）四部分组成。

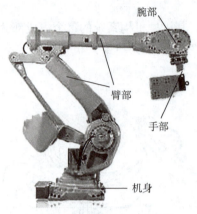

腕部

臂部

手部

机身

图 3-2　工业机器人机械结构

一、机身和手臂

（一）机身

工业机器人必须有一个基座，基座往往与机身做成一体，是机器人的基础部分，起支撑作用，需要有一定的刚度和稳定性。机器人的机身是直接连接、支撑和传动手臂及行走机构的部件，实现手臂运动的驱动装置和传动装置一般都安装在机身上。

机器人的机身结构一般由机器人总体设计确定，主要有回转与升降型机身和回转与俯仰型机身两种典型机身结构。

1. 回转与升降型机身

回转与升降型机身主要由实现手臂的回转和升降运动的机构组成，如图 3-3 所示。

图 3-3　回转与升降型机身

2. 回转与俯仰型机身

回转与俯仰型机身结构主要由实现手臂左右回转和上下俯仰运动的部件组成，它以手臂的俯仰运动部件代替手臂的升降运动部件，如图 3-4 所示。

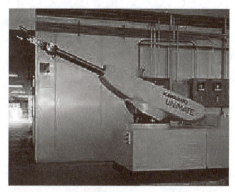

图 3-4　回转与俯仰型机身

（二）手臂

机器人手臂是连接机身和手腕的部件，是执行机构中的主要运动部件，主要用于改变手腕和末端执行器的空间位置。满足机器人的作业空间要求，并将各种载荷传递到机座。

1. 手臂的组成

机器人的手臂由大臂、小臂（或多臂）构成。机器人的手臂主要包括臂杆以及与其伸缩、屈伸或自转等运动有关的构件，如传动机构、驱动装置、导向定位装置、支撑连接和位置检测元件等。

2. 手臂的分类

按手臂的结构形式，可将其分为单臂式结构、双臂式结构和悬臂式结构三类，如图 3-5～图 3-7 所示。

图 3-5　单臂式结构

图 3-6　双臂式结构

按手臂的运动形式，可将其分为直线运动型手臂结构、回转运动型手臂结构和复合运动型手臂结构三类。

图3-7 悬臂式结构

1）直线运动型手臂结构

机器人手臂的伸缩、升降及横向（或纵向）移动均属于直线运动，而实现手臂往复直线运动的机构形式较多，常用的有活塞缸、齿轮齿条机构、丝杠螺母机构等。

2）回转运动型手臂结构

回转运动指手臂的左右回转和上下摆动（即俯仰）。机器人的手臂俯仰运动一般采用活塞缸与连杆机构联用来实现。手臂回转与升降机构常采用回转缸与升降缸单独驱动，机构形式常用的有叶片式回转缸、齿轮传动机构、链轮传动机构、连杆机构。

3）复合运动型手臂结构

手臂的复合运动是指直线运动和回转运动的组合。

（三）机身与手臂的配置

机身与手臂根据机器人的运动要求、工作对象、作业环境和场地等因素的不同，出现了各种不同的配置形式。目前常用的有横梁式、机座式、立柱式、屈伸式等几种。

1. 横梁式机器人

机身为横梁式的机器人，其横梁通常用于悬挂手臂部件，这类机器人大多为移动式运动形式，是工厂中常见的一种配置形式，如图3-8所示。它具有占地面积小、能有效利用空间、直观等优点。横梁可设计成固定式或移动式的。

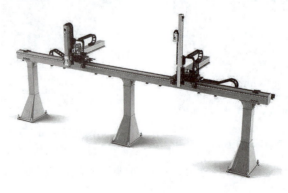

图3-8 横梁式机器人

2. 机座式机器人

机身为机座式的机器人可以是独立的、自成系统的完整装置，如图 3-9 所示，这种机器人可以任意安放和搬动，也可以安装成移动机构，以扩大其动作范围。

图 3-9　机座式机器人

3. 立柱式

机身为立柱式的机器人多采用回转型、俯仰型或屈伸型的运动形式，如图 3-10 所示，一般手臂都可在水平面内回转。立柱式机器人结构简单，具有占地面积小、工作范围大的特点。

4. 屈伸式

屈伸式机器人的手臂由大、小臂组成，大、小臂间有相对运动，如图 3-11 所示。屈伸臂与机身间的配置形式关系到机器人的运动轨迹，可以实现平面运动，也可以做空间运动。

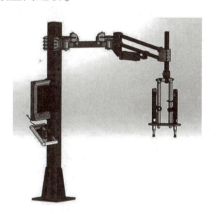

图 3-10　立柱式机器人

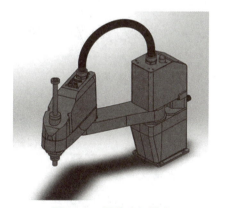

图 3-11　屈伸式机器人

二、手腕和末端执行器结构

（一）手腕

机器人手腕是连接末端执行器和手臂的部分，主要用于改变末端执行器的空间姿态。

1. 手腕的运动形式

为了使末端执行器能处于空间任意方向，要求手腕能实现对空间三个坐标轴 X、Y、Z 的转动，即具有偏转、俯仰和回转三个自由度。

臂转：绕小臂轴线方向的旋转。

手转：使末端执行器绕自身轴线方向的旋转。

腕摆：使末端执行器相对于手臂进行摆动。

当发生臂转与手转时，手腕进行翻转运动（Roll），用 R 表示；当发生腕摆时，手腕进行俯仰或偏转运动。手腕俯仰运动（Pitch），用 P 表示；手腕偏转运动（Yaw），用 Y 表示。当手腕具有翻转、俯仰和偏转运动能力时，可简称为 RPY 运动。

2. 手腕的分类

按手腕自由度数目来分可分为单自由度手腕、二自由度手腕和三自由度手腕。

1）单自由度手腕

（1）翻转（Roll）关节，简称 R 关节，它把手臂纵轴线和手腕关节轴线构成共轴形式，如图 3-12 所示。这种 R 关节旋转角度可达到 360°以上。

图 3-12　R 关节

（2）折曲（Bend）关节，简称 B 关节，关节轴线与前后两个连接件的轴线相垂直，如图 3-13 所示。这种 B 关节因为受到结构上的干涉，旋转角度小。

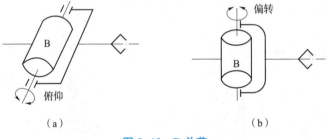

（a）　　　　　　　　　　　　　（b）

图 3-13　B 关节

（a）俯仰；（b）偏转

2）二自由度手腕

二自由度手腕可以由一个 R 关节和一个 B 关节组成 BR 手腕，也可以由两个 B 关节组成 BB 手腕。但不能由两个 R 关节组成 RR 手腕，因为两个 R 共轴线，实际只构成了单自由度手腕。图 3-14 所示为二自由度手腕的两种类型。

3）三自由度手腕

三自由度手腕可以由 R 关节和 B 关节组合成多种类型，如 BBR 型、BRB 型、RBB 型、RBR 型、BRR 型等手腕，也可以由三个 R 关节或三个 B 关节组成 RRR 型和 BBB 型手腕。图 3-15 所示为三自由度手腕的 BBR 型和 RRR 型结构。

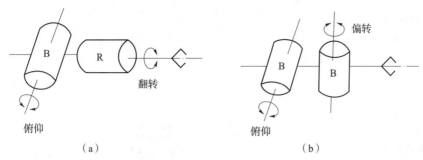

（a）　　　　　　　　　　　　　　（b）

图 3-14　二自由度手腕

（a）BR 手腕；（b）BB 手腕

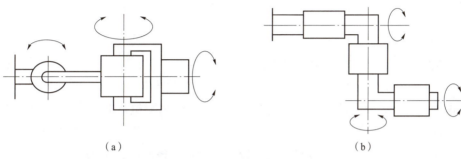

（a）　　　　　　　　　　　　　　（b）

图 3-15　三自由度手腕

（a）BBR 型结构；（b）RRR 型结构

3. 柔顺手腕

在用机器人进行的精密装配作业中，当被装配零件之间的配合精度相当高，由于工件的定位夹具、机器人手爪的定位精度无法满足装配要求时，会导致装配困难，因而就提出了装配动作的柔顺性要求。柔顺性装配技术有两种：主动柔顺装配和被动柔顺装配。

1）主动柔顺装配

从检测、控制的角度，采取各种不同的搜索方法，实现边校正边装配。有的手爪还配有检测元件如视觉传感器、力传感器等。主动柔顺装配需配备一定功能的传感器，价格较贵。

2）被动柔顺装配

被动柔顺是利用不带动力的机构来控制手爪的运动以补偿其位置误差。在需要被动柔顺装配的机器人结构里，一般是在手腕配置一个角度可调的柔顺环节以满足柔顺装配的需要。

被动柔顺手腕结构比较简单，价格比较便宜，装配速度快。相比主动柔顺装配技术，它要求装配件要有倾角，允许的校正补偿量受到倾角的限制，轴孔间隙不能太小。

（二）末端执行器

机器人的末端执行器也称为手部，是直接装在机器人手腕末端法兰上用于抓握工件或执行作业的部件。

机器人可根据作业环境和要求，安装不同的末端执行器后即可完成各种不同的工作。如在机器人执行末端安装焊枪则可完成焊接工作、安装电钻削头则可完成钻削工作。

1. 末端执行器的分类

1）根据用途分类

根据用途不同可分为手爪式和点焊工具两类。手爪式末端执行器如图3-16所示，图3-17为点焊工具末端执行器。

图 3-16　手爪式末端执行器

图 3-17　点焊工具末端执行器

2）根据工作原理分类

根据工作原理分为手指式和吸附式末端执行器。

3）按夹持方式分类

根据夹持方式分为外夹式、内撑式、内外夹持式末端执行器，图3-18中蓝色部分为被夹持的工件。

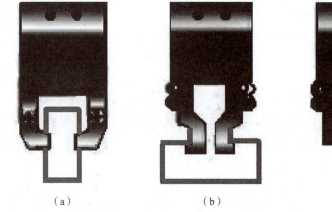

| (a) | (b) | (c) |

图 3-18　夹持式末端执行器

（a）外夹式；（b）内撑式；（c）内外夹持式

工业机器人常用的有夹持式和吸附式末端执行器。

2. 夹持式末端执行器

夹持式末端执行器一般由手指（手爪）、驱动机构、传动机构、承接元件组成，通过手爪的开闭动作实现对物体的夹持，是工业机器人最常用的一种末端执行器形式，如图3-19所示。它在装配、搬运等工作环境中用得比较广泛。

3. 吸附式末端执行器

吸附式末端执行器具有结构简单，质量轻，使用方便、可靠，工件表面没有损伤，工件预定的位置精度要求不高等特点，适用于大平面、易碎的物体，如玻璃等。

根据吸附力的不同，吸附式末端执行器可分为气吸式和磁吸式末端执行器两种形式。

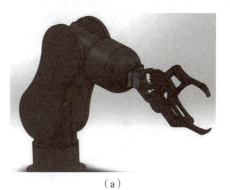

（a）　　　　　　　　　　　　　　　（b）

图 3-19　夹持式末端执行器

（a）模型图；（b）实物图

1）气吸式末端执行器

气吸式末端执行器一般由吸盘、吸盘架和气路组成，如图 3-20 所示。气吸式末端执行器按形成压力差的方法分类，可分为真空吸附、气流负压吸附、挤压排气负气压吸附等。气吸式末端执行器具有结构简单、质量轻、吸附力分布均匀等优点，广泛应用于非金属材料或不可有剩磁的材料的吸附。例如，吸附取料手取料工作可靠、吸附力大，但需要有真空系统，成本高。

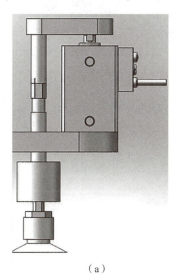

（a）　　　　　　　　　　　　　　　（b）

图 3-20　气吸式末端执行器

（a）模型图；（b）实物图

2）磁吸式末端执行器

磁力类吸盘主要是磁力吸盘，有电磁吸盘和永磁吸盘两种。磁吸式末端执行器具有不会破坏被吸收工件表面质量、较大的单位面积吸力、对工件表面无特殊要求等优点。

磁吸式末端执行器的适用范围如下：

（1）适用于用铁磁材料做成的工件。

（2）适用于被吸附工件上有剩磁也不影响其工作性能的工件。

（3）定位精度要求不高的工件。

（4）常温状态下工作。铁磁材料高温下的磁性会消失。

4. 工具快换装置

机器人的工具快换装置是一种用于机器人快速更换末端执行器的装置，可以在短时间内快速、便捷地更换不同的末端执行器，主要由通信线插针、电缆线插针、定位销孔、气路等组成，如图3-21所示。工具快换装置使机器人更具柔性、更高效，被广泛应用于自动化行业的各个领域。

图3-21 工具快换装置

任务二　移动装置常用机构

任务引入

我们人类靠双足行走，请思考一下有哪些方式可以使机器人移动？图 3-22 所示为能行走的机器人。

图 3-22　能行走的机器人

任务目标

知识目标	能力目标	素质目标
（1）了解移动式机器人的分类； （2）掌握无固定轨迹式移动机器人的分类、特点及适用场合	（1）能够根据机器人分析其移动机构； （2）能够根据选用原则给机器人选择适用的移动机构	提升学生分析问题并解决问题的能力

知识链接

机器人分为固定式机器人和移动式机器人。

固定式机器人机身不具备行走功能，一般用铆钉直接固定连接在地面或工作台上，在工业机器人中有广泛的应用。

移动式机器人机身需要具备移动机构，主要由驱动装置、传动机构、位置检测元件、传感器电缆及管路等组成。一方面用于支撑机器人的机身、手臂和末端执行器，因而必须具有足够的刚度和稳定性；另一方面要根据作业任务的要求，带动机器人在更广阔的空间内运动。

根据运动轨迹，移动机构可分为固定轨迹式和无固定轨迹式两种。

1. 固定轨迹式移动机构

固定轨迹式移动机构主要用于工业机器人领域，如横梁式机器人，如图 3-23 所示。其机身设计成横梁式，用于悬挂手臂部件，这是工厂中常见的一种配置形式。这类机器人的运动形式大多为直移式。它具有占地面积小、能有效地利用空间、直观等优点。一般情况下，横梁可安装在厂房原有建筑的柱梁或有关设备上，也可专门从地面架设。

图 3-23　横梁式机器人

2. 无固定轨迹式移动机构

无固定轨迹式移动机构按其结构特点，可分为车轮式行走机构、履带式行走机构和足式行走机构。它们在行走过程中，前两者与地面连续接触，其形态为运行车式，多用于野外、较大型作业场所，应用较多也较成熟。

1）移动机构的形式

如表 3-1 所示，机器人移动机构的设计往往来自自然界生物运动的启示。如根据生物的爬行、滑行、奔跑、跳跃、行走运动方式，分别建立对应的运动学基本模型。

表 3-1　机器人移动机构与自然界生物运动

运动方式	运动学基本模型	运动方式	运动学基本模型
爬行		纵向振动	
滑行		横向振动	
奔跑		多极摆振荡运动	
跳跃		多极摆振荡运动	
行走		多边形滚动	

2）移动机构的选择

移动机构的选择通常基于以下原则：

（1）车轮式行走机构的效率最高，但其适应能力、通行能力相对较差。

（2）履带式行走机构对于崎岖地形的适应能力较好，越障能力较强。

（3）足式行走机构的适应能力最强，但其效率一般不高。为了适应野外环境，室外移动机器人多采用履带式行走机构。

（4）一些仿生机器人则是通过模仿某种生物的运动方式而采用相应的移动机构。

（5）在软硬路面相间、平坦与崎岖地形特征并存的复杂环境下，采用几何形状可变的履带式和复合式（包括轮-履式、轮-腿式、轮-履-足式等）行走机构。

3）车轮式行走机构

车轮式行走机器人是机器人中应用最多的一种机器人（见图3-24），车轮的形状或结构形式取决于地面的性质和车辆的承载能力，用于较平坦的地面上是非常优越的。

4）履带式行走机构

履带式行走机器人适合在未建造的天然路面行走，是车轮式行走机构的扩展，履带本身起着给车轮连续铺路的作用。图3-25所示为履带式行走机器人。

图3-24　车轮式行走机器人

图3-25　履带式行走机器人

履带式行走机器人与车轮式行走机器人相比，具有以下几个特点。

（1）支承面积大，接地比压小。适合在松软或泥泞场地进行作业，下陷度小，滚动阻力小。

（2）越野机动性好，爬坡、越沟等性能均优于车轮式行走机器人。

（3）履带支承面上有履齿，不易打滑，牵引附着性能好，有利于发挥较大的牵引力。

（4）结构复杂，质量大，运动惯性大，减振功能差，零件易损坏。

5）足式行走机构

根据足的数量不同，足式行走机器人可分为单足跳跃机器人、双足机器人（见图3-26）、三足机器人、四足机器人和六足机器人。其中双足和四足具有最好的适应性和灵活性，也最接近人类和动物。

不同足数对行走能力的评价对比如表3-2所示，通过对比可知，四足及以上数量的行走机器人，其行走能力较强。

表 3-2　不同足数对行走能力的评价对比

评价指标 足数	1	2	3	4	5	6	7	8
保持稳定姿态的能力	无	无	好	最好	最好	最好	最好	最好
静态稳定行走的能力	无	无	无	好	最好	最好	最好	最好
高速稳定行走的能力	无	无	无	有	好	最好	最好	最好
动态稳定行走的能力	有	有	最好	最好	最好	好	好	好
用自由度数衡量的机械结构之简单性	最好	最好	好	好	好	有	有	有

足式行走机器人具有以下几个特点。

（1）具有较强的适应能力。

（2）足式运动方式的立足点是离散的点，可以在可能到达的地面上选择最优的支撑点。

（3）具有主动隔振能力，尽管地面高低不平，机身的运动仍可以相当平稳。

（4）在不平地面和松软地面上的运动速度较高，能耗较少。

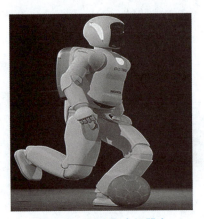

图 3-26　足式行走机器人

任务三　机器人传动机构

任务引入

工业机器人的机身、手臂、手腕运动都需要通过传动装置来驱动关节的动作。因此，传动机构是工业机器人的重要部件。图3-27所示为工业机器人传动机构图。

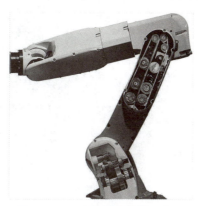

图3-27　工业机器人传动机构图

任务目标

知识目标	能力目标	素质目标
（1）掌握工业机器人的主要传动机构及其特点； （2）掌握RV减速器和谐波减速器的组成及工作原理	（1）能够辨别机器人的传动机构； （2）能够根据机器人的需求选择适用的减速器	提升学生分析问题并解决问题的能力

知识链接

目前，工业机器人广泛采用的机械传动机构是减速器，应用在工业机器人上的减速器主要有两类：谐波减速器和RV减速器。

1. 谐波减速器

谐波齿轮传动装置实际上既可用于减速也可用于升速，由于其传动比很大，在工业机器人应用时，一般较少用于升速，故习惯上称为谐波减速器。谐波减速器一般放置在小臂、手腕或末端执行器等负载较小的位置。

1）谐波减速器的组成

谐波减速器由刚轮、谐波发生器和柔轮三个主要构件组成，如图3-28所示，任意固定其中一个部件，另外两个部件一个为主动件，一个为从动件。例如，刚轮固定不变，谐波发生器为主动件，柔轮为从动件。

2）谐波减速器的工作原理

谐波减速器主要靠谐波发生器装配上柔性轴承使柔性齿轮产生可控弹性变形，并与刚性齿轮相啮合来传递运动和动力的齿轮传动。当谐波发生器装入柔轮后，迫使柔轮的剖面由原先的圆形变成椭圆形，从而产生连续的弹性变形，当谐波发生器沿某一方向连续转动时，柔轮的变形不断改变，使柔轮与刚轮的啮合状态在"啮入—啮合—啮出—脱开"这四种状态循环往复地不断变化，柔轮的外齿数少于刚轮的内齿数，从而使柔轮相对于刚轮沿谐波发生器向相反方向做微小的转动。

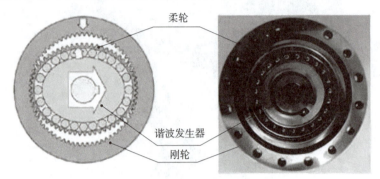

图 3-28　谐波减速器

3）谐波减速器的功能及特点

（1）传动比大。单级传动比范围为 70~320，在某些装置中可达到 1 000，多级传动比可达 30 000 以上。

（2）承载能力高。这是因为谐波齿轮传动中同时啮合的齿数多，双波传动时同时啮合的齿数可达总齿数的 30% 以上。

（3）传动精度高。在齿轮精度等级相同的情况下，传动误差只有普通圆柱齿轮传动的 1/4 左右。

（4）传动效率高，运动平稳。由于柔轮轮齿在传动过程中做均匀的径向移动，即使输入速度很高，轮齿的相对滑动速度仍然很低。因此，轮齿磨损小，效率高，可达 69%~96%。又由于啮入和啮出时，齿轮的两侧都工作，没有冲击，运动平稳。

（5）结构简单、零件数少、安装方便。只有三个基本构件，输入轴与输出轴同轴线，所以结构简单，安装方便。

（6）体积小、质量轻。与普通减速器比较，输出力矩相同时，谐波齿轮减速器的体积可减小 2/3，质量可减轻 1/2。

（7）可用来由密封空间向外部或由外部向密封空间传递运动。

谐波减速器具有如此多的优点，因此，广泛应用于机器人、航空航天、通信设备、工程器械和数控机床等领域。

2. RV 减速器

RV 减速器不仅克服了一般摆线针轮传动的缺点，而且具有体积小、质量轻、传动比范围大、寿命长、精度保持稳定、效率高、传动平稳等一系列优点。RV 减速器与谐波减速器相比，RV 减速器具有更高疲劳强度、刚度和寿命，回差精度稳定，在长时间使用过程中精度不会产生明显的变化，因此，世界上许多高精度机器人传动装置多采用 RV 减速器。

RV 减速器的传动装置是在传统的摆线针轮传动的基础上发展起来的一种新型传动装置，和谐波减速器一样，由于传动比大，一般用于减速。RV 减速器一般放置在基座、腰部、大臂等负载较大的位置。

1）RV 减速器的组成

RV 减速器主要由太阳轮（中心轮）、行星齿轮、转臂（曲柄轴）、转臂轴承、摆线轮（RV 齿轮）、针轮、刚性盘与输出法兰等零部件组成，如图 3-29 所示。

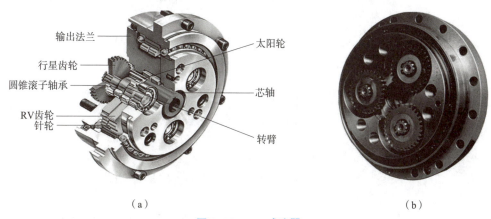

（a）

（b）

图 3-29 RV 减速器

（a）结构示意图；（b）实物图

RV 减速器主要零部件的作用与特点如下：

（1）太阳轮（中心轮）：用来传递输入功率，且与渐开线行星齿轮互相啮合。

（2）行星齿轮：与曲轴固联，两个行星齿轮均匀地分布在一个圆周上，起功率分流的作用，即将输入功率分成两路传递给摆线针轮行星机构。

（3）摆线轮（RV 齿轮）：为了实现径向力的平衡，在传动机构中一般采用两个完全相同的摆线轮安装在曲柄轴上，且两摆线轮的偏心位置相互成 180°。

（4）输出法兰：是 RV 型传动机构与外界从动工作机相连接的构件，输出运动或动力。盘上均匀分布两个转臂的轴承孔，转臂的输出端借助于轴承安装在这个刚性输出盘上。

（5）转臂（曲柄轴）：摆线轮的旋转轴。它的一端与行星齿轮相连接，另一端与输出法兰相连接，不仅可以带动摆线轮产生公转，而且可以支撑摆线轮产生自转。

（6）针轮：针轮与壳体固连在一起统称为为针轮壳体，在针轮上安装有多个针齿。

2）RV 减速器的工作原理

RV 减速器传动装置是由两级减速部分组成的。第一级位于高速段的渐开线圆柱齿轮行星减速部分，由太阳轮和行星齿轮组成。第二级是位于低速段的摆线针轮行星减速部分，由曲柄轴、摆线轮（RV 齿轮）、针轮以及输出法兰组成。

假设输入轴顺时针转动，太阳轮顺时针旋转，行星齿轮在绕太阳轮顺时针旋转的同时自身也在反转，完成第一级减速。转臂和行星齿轮相连，转臂开始逆时针旋转并带动摆线轮转动进行偏心运动，由于针轮与摆线轮啮合作用，摆线轮公转一周，针轮顺时针旋转一个齿距，达到二级减速的目的，最后通过固定的行星架将等速传递至输出机构。

图 3-30 所示为 RV 减速器传动简图。

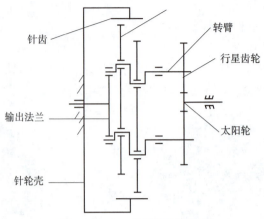

图 3-30　RV 减速器传动简图

3）RV 减速器的功能及特点

（1）结构紧凑，尺寸小。如果传动机构置于行星架的支撑主轴承内，那这种传动的轴向尺寸可大大缩小。

（2）传动平稳，寿命长。采用两级减速机构，处于低速级的摆线针轮行星传动更加平稳，由于转臂轴承个数增多且内外环相对转速下降，可大大提高其寿命。

（3）精度高，回差小。只要设计合理，就可以获得很高的运动精度和很小的回差。

（4）刚性好。RV 传动的输出机构是采用两端支撑的尽可能大的刚性圆盘输出结构，比一般摆线减速器的输出机构具有更大的刚度，且抗冲击性能也有很大提高。RV 传动刚度与谐波传动相比较要大 2~6 倍。

（5）传动比范围大。即使摆线齿数不变，只改变渐开线齿数就可以得到较大的传动比。

（6）传动效率高，其传动效率达 0.85~0.92。

此外，机器人还采用轴承、滚珠丝杠、齿轮和同步带等传动结构。

3. 轴承

轴承是一种重要零部件，它的主要功能是支撑机械结构中的旋转部件，降低其运动过程中的摩擦系数，并保证其回转精度。工业机器人轴承最适合用于工业机器人的关节部位或者旋转部位。目前，交叉滚子轴承和等截面薄壁轴承是工业机器人的应用中较为主要的两大类。

1）工业机器人轴承的特点

（1）可承受轴向、径向、倾覆等方向的综合载荷。

（2）薄壁型轴承。

（3）高回转定位精度。

2）交叉滚子轴承

交叉滚子轴承有两组滚道和滚子，相互呈直角组合，滚子交错相对（见图 3-31），因此可承受径向负荷、轴向负荷及力矩负荷等多方向的负荷。

交叉滚子轴承具有以下几个特点：

（1）安装简单方便，可装配于主轴各个方向。

（2）能同时承受径向和轴向负荷，因此，可简化设备结构，减轻质量。

（3）具有极高的回转精度。

（4）刚性高，比传统轴承刚性强 3~4 倍。

（5）高承载能力。滚子与滚道呈线接触，能承受更大的负载。

图 3-31 交叉滚子轴承

3）等截面薄壁轴承

薄壁轴承与标准轴承不同，在薄壁轴承中，每个系列的横截面尺寸被设计为固定值，在同一系列中横截面尺寸是不变的，它不随内尺寸增加而增加。因此，该系列薄壁轴承又被称为等截面薄壁轴承，如图 3-32 所示。等截面薄壁轴承广泛用于步进电动机、医疗器械、检测仪器、机器人、旋转编码器等设备中。

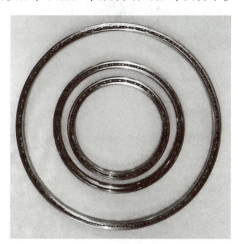

图 3-32 等截面薄壁轴承

等截面薄壁轴承具有以下几个特点：

（1）体积小、质量轻。

（2）摩擦低。

（3）精度高。

（4）承载能力很强。

工业机器人轴承不仅适用于工业机器人，还广泛用于航空航天、精密测量设备、医疗器械等各个领域。

4. 滚珠丝杠

滚珠丝杠主要由丝杆、螺母、滚珠组成，如图 3-33 所示。由于它具有很小的摩擦阻力且运动响应速度快，是各种工业设备和精密仪器最常使用的传动元件，其主要功能是将旋转运动转换成线性运动，或将扭矩转换成轴向反复作用力，它可以将轴承从滑动动作变成滚动动作。

滚珠丝杆具有以下几个特点：

（1）摩擦损失小，传动效率高。由于滚珠丝杠副的丝杠轴与丝杠螺母之间有很多滚珠在做滚动运动，因此，有较高的运动效率，更省电。

（2）精度高。滚珠丝杠副一般是用最高水平的机械设备连贯生产出来的，制作精度更高。

（3）高速进给。由于运动效率高，发热小，因此，可实现高速进给。

（4）微进给。由于是利用滚珠运动，因此，启动力矩极小，不会出现低速运动时的爬行现象，能保证实现精确的微进给。

（5）刚性高。滚珠丝杠副可以加预压力，由于预压力可以使轴向间隙达负值，因而得到较高的刚性。

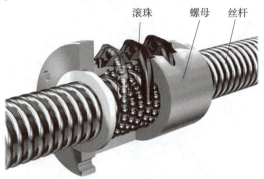

滚珠　　螺母　　丝杆

图 3-33　滚珠丝杆

5. 齿轮

齿轮是指轮缘上有轮齿连续啮合以传递运动和动力的机械元件，如图 3-34 所示。齿轮通过与其他齿状机械零件（如另一齿轮、齿条、蜗杆）传动，可实现改变转速与扭矩、改变运动方向和改变运动形式等功能。齿轮轮齿相互扣住齿轮会带动另一个齿轮转动来传送动力。将两个齿轮分开，也可以应用链条、履带、皮带来带动两边的齿轮而传送动力。由于传动效率高、传动比准确、功率范围大等优点，齿轮机构广泛应用于工业领域。

图 3-34　齿轮

齿轮链是由两个或两个以上的齿轮组成的传动机构，如图 3-35 所示。它不但可以传递运动角位移和角速度，而且可以传递力和力矩。

图 3-35　齿轮链

齿轮链传动具有以下几个优点：

（1）瞬时传动比恒定，可靠性高，传递运动准确可靠。

（2）传动比范围大，可用于减速或增速。

（3）圆周速度和传动功率的范围大。

（4）传动效率高。

（5）维护简便。

（6）结构紧凑，适用于近距离传动。

但齿轮链也有精度不高，传动时噪声、振动和冲击大，污染环境；无过载保护作用；制造特殊齿形或精度很高的齿轮时，工艺复杂、成本高等缺点，不适宜用在中心距较大的场合。

6. 同步带

同步带传动是由一条内周表面设有等间距齿的环形皮带和具有相应齿的带轮所组成的，运行时，带齿与带轮的齿槽相啮合传递运动和动力，如图 3-36 所示。

同步带具有以下几个特点：

（1）传动准确，工作时无滑动，具有恒定的传动比。

（2）传动平稳，具有缓冲、减振能力，噪声低。

（3）传动效率高，可达 0.98，节能效果明显。

（4）维护保养方便，不需润滑，维护费用低。

（5）传动比范围大，线速度可达 50 m/s，功率传递范围较大，可达几瓦到几百千瓦。

（6）可用于长距离传动，中心距可达 10 m 以上。

（7）相对于 V 形带传送，预紧力较小，轴和轴承上所受载荷小。

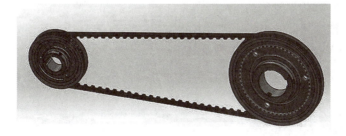

图 3-36　同步带

项目工单（三）

| 组名： | 组员： | 学号： | 组内评价： | 成绩： |

任务描述： 根据 ABB 工业机器人实训平台认识机器人的机械结构，并阐述其工作原理及特点。

任务目的： （1）掌握工业机器人机械结构系统的四大组成部分及特点。

（2）掌握工业机器人传动机构及工作原理。

任务实施：

（1）在老师的指导下学生观察 $J_1 \sim J_6$ 六个轴的位置及对应的机构组成。

（2）在老师的指导下学生观察减速器、齿轮等传送结构的位置。

（3）在老师的指导下学生安装末端执行器。

检查与评估

反馈信息描述	产生问题的原因	解决问题的方法	评估结果

能力提高：

（1）简述 RV 减速器和谐波减速器在其他设备的应用场景。

（2）能够拆装工业机器人的机械结构。

指导教师评语：

任务完成人签字： 日期： 年 月 日

习题

1. 机器人机身与手臂的配置形式有_____、立柱式、机座式、_____四种。

2. 机器人手臂是为了让机器人的末端执行器达到任务所要求的_____。

3. 机器人手腕是手臂和末端执行器的连接部件，起支撑末端执行器和改变末端执行器_____的作用。

4. 末端执行器按照夹持方式划分可以分为_____、_____和_____。

5. 工业机器人主要有三种驱动方式：_____、_____和_____。

6. 工业机器人常用的末端执行器类型及各自特点。

7. 机器人的移动机构分类及各自特点。

8. 机器人有哪些重要传动机构及各自特点？

9. 简述谐波减速器的工作原理及其特点。

10. 简述 RV 减速器的工作原理及其特点。

项目四　机器人动力系统认知

项目导读

驱动器有多重要?

别看波士顿动力机器人平时上蹿下跳，还会上空翻，比精神小伙还精神。但只要离开了"它"，就只能瘫坐在地。这个"它"，就是"肌肉"，也就是机器人的驱动器。驱动器是驱动机器人动力机构完成动作的控制器，也是机器人本体硬件的四大核心部件之一。如果把连杆和关节想象为机器人的骨骼，那么驱动器就起着肌肉的作用。

根据动力源的不同，驱动器分为液压驱动器、气动驱动器、电动机驱动器三大类。但在机器人界，一般是电动机驱动器在独领风骚。图 4-1 所示为波士顿动力机器人。

图 4-1　波士顿动力机器人

项目目标

知识目标	能力目标	素质目标
（1）熟悉机器人动力系统的类型及每种驱动类型的特点； （2）掌握常用驱动电动机的特点以及伺服电动机的工作原理； （3）掌握交流伺服系统结构及工作原理； （4）了解新型驱动器的特点	（1）能够识别机器人的驱动类型，能描述其特点； （2）能够掌握常用驱动电动机的特点； （3）能够掌握交流伺服系统的结构及工作原理	（1）培养学生在机器人技术方面分析与解决问题的能力； （2）增长见识、激发兴趣

任务一　机器人动力系统的类型

任务引入

　　工业机器人机械手中，要使机器人运行起来，就需要给各个关节即每个运动自由度安置传动装置，这就是动力系统。动力系统可以是液压传动、气动传动、电动传动机构，或者把它们结合起来应用的综合系统；可以直接驱动或者通过同步带、链条、轮系、谐波齿轮等机械传动机构进行间接驱动。如图 4-2 所示为电动机驱动型工业机器人。

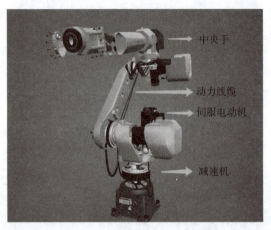

图 4-2　电动机驱动型工业机器人

　　工业机器人的动力系统，按动力源分为液压、气动和电动三大类，根据需要也可由这三种基本类型组合成复合式的动力系统，这三类基本动力系统各有自己的特点。

任务目标

知识目标	能力目标	素质目标
（1）熟悉机器人动力系统的类型及每种驱动类型的特点； （2）掌握机器人每种驱动类型的工作原理； （3）掌握常用驱动电动机的特点以及伺服电动机的工作原理	（1）能够识别机器人的驱动类型，能描述其特点； （2）能够理解常用驱动电动机的特点	培养学生在机器人技术方面分析与解决问题的能力

知识链接

　　工业机器人动力系统按动力源不同可分为液压动力系统、气动动力系统和电动动力系统三大类。表 4-1 为三种常用动力系统的比较。

表 4-1　三种动力系统比较

性能	液压动力系统	气动动力系统	电动动力系统
输出功率	很大，压力范围为 $50\sim140$ N/cm²	大，压力范围为 $48\sim60$ N/cm²，最大可达 100 N/cm²	范围较大，介于前两者之间
控制性能	利用液压的不可压缩性，控制精度较高，输出功率大，可实现无级调速，反应灵敏，可实现连续轨迹控制	气体压缩性大，精度低，阻力效果差，低速不易控制，难以实现高速、高精度的连续轨迹控制	控制精度高，功率较大，能精确定位，反应灵敏，可实现高速、高精度的连续轨迹控制，伺服特性好，控制系统复杂
响应速度	很高	较高	很高
结构性能及体积	结构适当，执行机构可标准化、模拟化，易实现直接驱动。功率/质量比大，体积小，结构紧凑，密封问题较大	结构适当，执行机构可标准化、模拟化，易实现直接驱动。功率/质量比大，体积小，结构紧凑，密封问题较小	伺服电动机易于标准化，结构性能好，噪声低，电动机一般需配置减速装置，结构紧凑，无密封问题
安全性	防爆性能较好，用液压油作传动介质，在一定条件下有火灾危险	防爆性能好，高于 1 000 kPa（10 个大气压）时应注意设备的抗压性	设备自身无爆炸和火灾危险，直流有刷电动机换向时有火花，对环境的防爆性能较差
对环境的影响	液压系统易漏油，对环境有污染	排气时有噪声	无
在工业机器人中的应用范围	适用于重载、低速驱动，电液伺服系统适用于喷涂机器人、点焊机器人和托运机器人	适用于中小负载驱动、精度要求较低的有限点位程序控制机器人，如冲压机器人本体的气动平衡及装配机器人气动夹具	适用于中小负载、具有较高的位置控制精度和轨迹控制精度、速度较高的机器人，如 AC 伺服喷涂机器人、点焊机器人、弧焊机器人、装配机器人等

一、液压动力系统

液压动力系统利用液压泵将原动机的机械能较换为液体的压力能，通过液体压力能的变化来传递能量，经过各种控制阀和管路的传递，借助于液压执行元件（液压缸或液压电动机）把液体压力能转换为机械能，从而驱动工作机构，实现直线往复运动或回转运动。其中的液体称为工作介质，一般为矿物油，它的作用和机械传动中的传送带、链条和齿轮等传动元件类似。

液压传动的特点是转矩与惯量比大，即单位质量的输出功率高。液压传动还具有不需要其他动力就能连续维持力的特点。液压在机器人中的应用以移动机器人，尤其是重载机器人为主。它用小型动力系统即可产生大的转矩（力）。在移动机器人中，使用液压传动的主要缺点是需要准备液压源，如果使用液压缸作为直线驱动器，那么实现直线驱动就十分简单。

在机器人领域，液压传动曾经广泛被应用于固定型工业机器人中，但是出于维护等角度的考虑，已经逐渐被电气驱动器所代替，目前，在移动式带电布线作业机器人、水下作业机器人、娱乐机器人中仍有应用。

1. 液压系统的工作原理

液压系统的工作原理如图 4-3 所示。电动机驱动液压泵先从油箱中吸油输送至管路中，经过油液过滤器去除杂质，再经过流量控制阀调整液压油的流量（流量大小由工作液压缸的需要量决定），最后经过换向阀改变液压油的流动方向。如图 4-3 所示的换向阀位置是液压油经换向阀进入液压缸左侧空腔，推动活塞右移，将汽车压扁销毁。液压缸活塞右侧腔内液压油经过换向阀已经开通的回油管，液压油卸压，流回油箱。

若操作换向阀手柄置在图 4-3 右侧所示位置时，则有一定压力的液压油进入液压缸活塞右腔。液压缸左腔中的液压油经换向阀流回油箱。操作手柄的进出动作可变换液压油输入液压缸的方向，推动活塞左右移动。液压泵输出的油压按液压缸活塞工作能量的需要由溢流阀调整控制。在溢流阀调压控制时，多余的液压油经溢流阀流回油箱。输油管路中的液压油压力在额定压力下安全流通，正常工作。

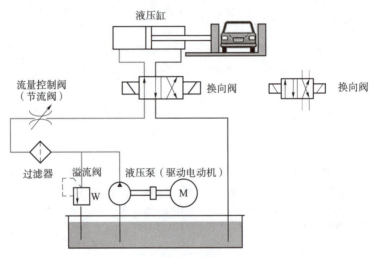

图 4-3 液压系统的工作原理

2. 液压伺服系统

液压动力系统中应用较多的动力装置是伺服控制驱动型的，液压伺服系统主要由液压源、液压驱动器、伺服阀、伺服放大器、位置传感器和控制器等组成，如图 4-4 所示。通过这些元件的组合，组成反馈控制系统驱动负载。液压源产生一定的压力，通过伺服阀控制液压的压力和流量，从而驱动液压驱动器。位置指令与位置传感器的差被放大后得到的电气信号输入伺服阀中驱动液压驱动器，直到偏差变为 0 为止。若位置传感器与位置指令相同，则停止运动。伺服阀是液压伺服系统中不可缺少的元件，它的作用主要是把电信号变换为液压驱动力，常用于需要响应速度快、负载大的场合。有时也选用较为廉价的电磁比例阀，但是它的控制性稍差。

液压驱动的不足之处在于：①油液的黏度随温度变化而变化，会影响系统的工作性能，且油温过高时容易引起燃烧爆炸等危险；②液体的泄漏难以克服，要求液压元件有较高的精度和质量，故造价较高；③需要相应的供油系统，尤其是电液伺服系统要求严格的滤油装置，否则会引起故障。

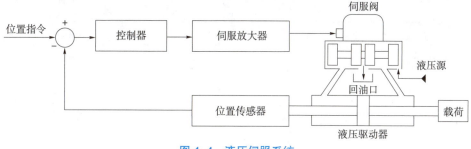

图 4-4　液压伺服系统

二、气动动力系统

气动动力系统具有速度快、系统结构简单、维修方便、价格低等特点，适于在中、小负荷的工业机器人中采用。但因难于实现伺服控制，多用于程序控制的工业机器人中，如在上、下料和冲压工业机器人中应用较多。

气动工业机器人采用压缩空气为动力源，一般从工厂的压缩空气站引到机器人作业位置，也可单独建立小型气源系统。由于气动工业机器人具有气源使用方便、不污染环境、动作灵活迅速、工作安全可靠、操作维修简便以及适于在恶劣环境下工作等特点，因此它可以在冲压加工、注塑及压铸等有毒或高温条件下作业，可以实现机床上、下料，完成仪表及轻工行业中、小型零件的输送和自动装配等作业，在食品包装及输送，电子产品输送、自动插接、弹药生产自动化等方面也获得了广泛应用。气动驱动器的能源、结构都比较简单，但与液压驱动器相比，相同体积条件下功率较小（因功率低）而且速度不易控制，所以多用于精度不高的点位控制系统。

1. 气动动力系统的结构

气动动力系统的结构如图 4-5 所示。这里着重介绍气动回路。气动回路是为了驱动完成各种不同操作的机械装置，其最重要的三个控制内容是力的大小、力的方向和运动速度。与生产装置相连接的各种类型的气缸，靠压力控制阀、方向控制阀和流量控制阀分别实现对三个内容的控制，即压力控制阀控制气动输出力的大小，方向控制阀控制气缸的运动方向，流量控制阀控制气缸的运动速度。

一个气动动力系统通常包括这些部分：气源设备，包括空气压缩机、气罐；空气净化装置，包括后冷却器、过滤器、润滑机、干燥器和排水器；压力控制阀，包括增压阀、减压阀、溢流阀、安全阀、顺序阀、压力比例阀、真空发生器；润滑元件，包括油雾器、集中润滑元件；方向控制阀，包括换向阀（电磁换向阀、气控换向阀、人控换向阀、机控换向阀）、单向阀、梭阀；各类传感器，包括磁性开关、限位开关、压力开关、气动传感器；流量控制阀，包括速度控制阀、节流阀、快速排气阀；气动执行元件，包括气缸、摆动气缸、气动电动机、气爪、真空吸盘。此外，还有一些其他辅助元件，如消声器、接头与气管、液压缓冲器、气液转换器等。

2. 气压系统的工作原理

图 4-6 所示为一典型的气压驱动回路，图中没有画出空气压缩机和储气罐。压缩空气由空气压缩机产生，其压力为 0.5~0.7 MPa，并被送入储气罐，然后由储气罐用管道接入驱动回路。在过滤器内除去灰尘和水分后，流向压力调整阀调压，使空气

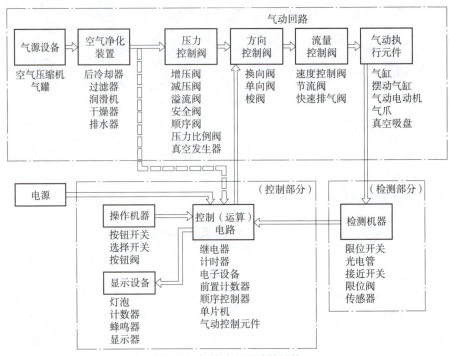

图4-5　气动动力系统的结构

压缩机的压力调至4~5 MPa；在油雾器中，压缩空气被混入油雾，这些油雾用于润滑系统的滑阀及气缸，同时也起一定的防锈作用；从油雾器出来的压缩空气接着进入换向阀，电磁换向阀根据电信号来改变阀芯的位置，使压缩空气进入气缸A腔或者B腔，驱动活塞向右或者向左运动。

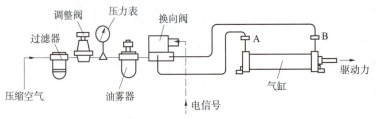

图4-6　气压驱动回路

气压伺服系统一般采用压缩气体作为动力的驱动能源。因为传递力的介质是空气，所以以其价格低廉、干净、安全等许多特点获得广泛的应用，具体优点如下。

（1）适于在恶劣环境下工作。由于其介质不易燃、不易爆，系统抗电磁干扰和抗辐射能力强，工作介质无污染等一些特点，适于在恶劣环境下工作，在自动化和军事领域得到了应用。

（2）成本低。由于采用空气作为传递力的介质，因而不需要花费介质费用，同时由于传递的压力比较低，气压驱动装置和管路的制造成本也比液压的低。

（3）结构简单，维护修理方便。由于气压伺服系统没有回收管路，简化了结构。从维护观点来看，气动执行机构比其他类型的执行机构易于操作和校定，在现场也可以很容易地实现正反左右的互换，日益受到人们的重视。

但因为气体的可压缩性和低黏性，导致气压伺服系统输出的功率和力比较小、固有频率低。阻尼比小、定位精度和定位刚度低、低速性能差，使得气压伺服技术的应用受到限制。尽管如此，在一些特殊的场合，还需要采用气压伺服驱动。为了发挥气压伺服驱动的优点，可以采取一些措施，如通过提高供气压力，采用气液联控伺服系统等来扩大气压工业机器人的使用范围。

三、电动动力系统

电动动力系统是利用各种电动机产生的力和力矩，直接或经过减速机构去驱动机器人的关节，以获得所要求的位置、速度和加速度。它的能源简单，速度变化范围大，效率高，速度和位置精度都很高，但它们一般都需与减速装置相连，直接驱动比较困难。

机器人对关节驱动电机的要求如下：①快速性，电动机从获得指令信号到完成指令所要求的工作状态的时间应尽可能短；②启动转矩惯量比较大，在驱动负载的情况下，要求机器人伺服电动机的启动转矩大，转动惯量小；③控制特性的连续性和直线性，随着控制信号的变化，电动机的转速性能连续变化，有时还需转速与控制信号成正比或近似成正比；④调速范围宽，体积小，质量轻，轴向尺寸短；⑤能经受起苛刻的运行条件，可进行十分频繁的正反向和加减速运动，并能在短时间内承受过载。

比较常用的电动驱动装置是直流减速电动机、步进电动机、交（直）流伺服电动机三大类。

1. 直流减速电动机

显而易见，直流电动机供电电流为直流，因而，其可以使用电池进行供电，这也是直流电动机在机器人中广泛应用的一个原因。小型直流电动机可能在尺寸上不同，但是在基本参数上一般是一致的，直流电动机的旋转方向可以通过改变供电电压的符号来改变。

小型直流电动机一般运行在高速低转矩运行范围内，这与机器人中电动机驱动要求是矛盾的，机器人领域通常要求电动机运行在低速大转矩范围内。因而，为了降低电动机转速同时提高电动机转矩，一般在电动机与输出轴之间增加轴系，即减速器。通过组合不同的减速器，电动机可以获得不同的额定转速与额定转矩。目前市面上购买的直流电动机很多出厂时已经带有减速器，因而常称为直流减速电动机。

减速电动机的优势在于：使用简单、输出转矩高、转速低、可供选择范围大。

主要缺点在于：精度较低，即使是同一厂家生产的同一批次的减速电动机，当施加相同的电压或者电流时，减速电动机的输出也有可能不同。因而，在机器人应用中，对减速电动机进行控制时一般需要引入转速闭环控制，而不能使用开环控制。

2. 步进电动机

步进电动机驱动系统通常是将电脉冲信号转变为角位移或线位移的开环控制系统，具有一定精度，也可在要求更高精度时组成闭环控制系统。电脉冲是由专用驱动电源供给的，每当对其施加一个脉冲时，其输出轴便转过一个固定角度（称为步进角），电动机就前进一步，当供给连续电脉冲时就能一步一步地连续转动，这种电动机的运行方式与普通匀速旋转的电动机有一定差别，是步进式运动，因此命名为步进电动机，同时也称为脉冲电动机。步进电动机的角位移量或转速与电脉冲数或频率严格成正比，可以通过控制脉冲的个数来控制电动机的角位移量，从而达到精确定位的目的。步进电动机转速与脉冲频率和步进角有关，通过改变脉冲频率就可以在很大范围内调节电动机的转速和加速度，从而达到调速的目的，而且能够快速启动、制动和反转。没有脉冲输入时，在绕组电源的激励下气隙磁场能使转子保持原有位置，处于定位状态。由于这一工作原理，步进电动机具有以下特点。

（1）位移与输入脉冲信号相对应，步进误差不长期积累，使得系统控制方便，结构简单，制造成本低。

（2）易于启动、制动、正反转及变速，响应性也好。

（3）速度可在相当宽的范围内平滑调节。另外，可用一台控制器同时控制几台步进电动机，使它们完全同步运行。

（4）步进角选择范围大，可在几十分至 180° 大范围内选择。在小步距情况下，能够在超低速、高转矩下稳定运行，通常可以不经减速器直接驱动负载。

（5）无电刷，电动机本体部件少，可靠性高。

（6）制动时，可有自锁能力。

（7）启动频率过高或负载过大时，易出现丢步或堵转的现象，停止时转速过高易出现过冲的现象，为保证其控制精度，需处理好升、降速问题。

（8）不能直接使用普通的交直流电源驱动，必须由双环形脉冲信号、功率驱动电路组成控制系统方可使用。

总之，步进电动机驱动器的优点是：在负载能力的范围内，位移量与脉冲数成正比、速度与脉冲频率成正比，且不因电源电压、负载大小、环境条件的波动而变化。步进电动机驱动器的误差不长期积累，驱动系统可以在较宽的范围内，通过改变脉冲频率来调速，实现快速启动、制动、正反转。缺点是：过载能力差、调速范围小、低速运动有脉动、稳定性差等，所以一般只应用于小型或简易型工业机器人中。

3. 直流伺服电动机和交流伺服电动机驱动的特点

直流伺服电动机易于控制，有较理想的机械特性，但其电刷易磨损，且易形成火花；交流伺服电动机结构简单，运行可靠，可频繁启动、制动，没有无线电波干扰。交流伺服电动机与直流伺服电动机相比又具有以下特点：没有电刷等易磨损元件，外形尺寸小，能在重载下高速运行，加速性能好，能实现动态控制和平滑运动，但控制较复杂。交流伺服电动机驱动已逐渐成为机器人的主流驱动方式。伺服电动机的分类如图 4-7 所示。

图 4-7　伺服电动机的分类

永磁式直流伺服电动机的剖面图如图 4-8（a）所示，其永久磁铁在外，而会发热的电枢线圈在内，因此散热较为困难，降低了功率体积比，在应用于直接驱动系统时，会因热传导而造成传动轴（如导螺杆）的热变形。但对交流伺服电动机而言，不论是永磁式或感应式，其造成旋转磁场的电枢线圈（见图4-8（b））均置于电动机的外层，因而散热较佳，有较高的功率体积比，且可适用于直接驱动系统。

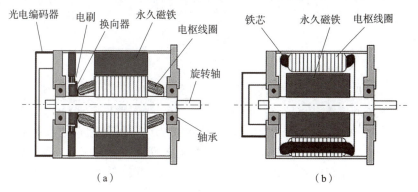

图 4-8　伺服电动机的剖面图

（a）永磁式直流伺服电动机；（b）交流伺服电动机

伺服系统主要有以下特点：

（1）控制量是机械位移或位移的时间函数。

（2）给定值在很大的范围内变化。

（3）属于反馈控制。

（4）能使输出量快速准确地随给定量变化。

（5）输入功率小，输出功率大。

（6）能进行远距离控制。

任务二　交流伺服系统

任务引入

　　伺服系统又称随动系统，是用来精确地跟随或复现某个过程的反馈控制系统。伺服系统是使物体的位置、方位、状态等输出被控量能够跟随输入目标量任意变化的自动控制系统。电气伺服系统是将电能转变成电磁力，并用该电磁力驱动运行机构运动。电气伺服技术应用最广，其主要原因是控制方便、灵活，容易获得驱动能源，没有公害污染，维护也比较容易。特别是电子技术和计算机软件技术的发展，为电气伺服技术的发展提供了广阔的前景。

　　图 4-9 所示为工业机器人电气伺服系统。

图 4-9　工业机器人电气伺服系统

任务目标

知识目标	能力目标	素质目标
（1）了解交流伺服电动机的结构及工作原理； （2）掌握交流伺服系统的结构及工作原理	（1）能够阐述交流伺服电动机的类型； （2）能够掌握交流伺服系统的结构及工作原理	培养学生在机器人技术方面分析与解决问题的能力

知识链接

　　工业机器人电气伺服系统的发展与伺服电动机的发展密切相关。伺服系统通常由伺服电动机、编码器和伺服驱动器组成。除了驱动部分以外，还包括操作软件、控制部分、检测元件、传动机构和机械本体，各部件协调完成特定的运动轨迹或工艺过程。

一、交流伺服电动机的类型

如任务二中图 4-7 所示，交流伺服电动机可以分为感应异步交流伺服电动机和永磁同步交流伺服电动机。

感应异步交流伺服电动机的结构分为两大部分，即定子和转子部分。在定子铁芯中安放着在空间成 90° 的两相定子绕组，其中一相为励磁绕组，始终通以交流电压；另一相为控制绕组，输入同频率的控制电压，改变控制电压的幅值或相位可实现调速。转子的结构通常为笼形。

永磁同步交流伺服电动机也主要由转子和定子两大部分组成，结构如图 4-10 所示。在转子上装有特殊形状高性能的永磁体，用以产生恒定磁场，无须励磁绕组和励磁电流。在电动机的定子铁芯上绕有三相电枢绕组，接在可控的变频电源上。为了使电动机产生稳定的转矩，电枢电流磁动势与磁极同步旋转，因此在结构上还必须装有转子上永磁体的磁极位置检测器，随时检测出磁极的位置，并以此为依据使电枢电流实现正交控制。这就是说，永磁同步伺服电动机实际上包括定子绕组、转子磁极及磁极位置传感器三大部分。为了检测电动机的实际运行速度，或者进行位置控制，通常在非负载端安装速度传感器和位置传感器，如测速发动机、光电码盘等。

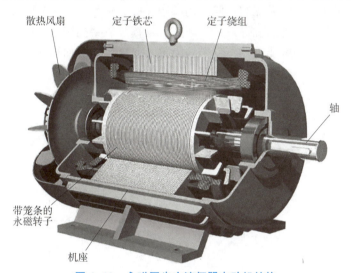

图 4-10　永磁同步交流伺服电动机结构

二、交流伺服驱动器

交流伺服驱动器主要包括功率驱动单元和伺服控制单元。伺服控制单元是整个交流伺服系统的核心，实现系统位置控制、速度控制、转矩和电流控制。其作用类似于变频器作用于普通交流电动机。

交流伺服系统具有电流反馈、速度反馈和位置反馈的三闭环结构形式，如图 4-11 所示，其中电流环和速度环为内环（局部环），位置环为外环（主环）。电流环的作用是使电动机绕组电流实时、准确地跟踪电流指令信号，限制电枢电流在动态过程中不超过最大值，使系统具有足够大的加速转矩，提高系统的快速性。速度环的作用是增强系统抗负载扰动的能力，抑制速度波动，实现稳态无静差。位置环的作用是保证系统静态精度和动态跟踪的性能，这直接关系到交流伺服系统的稳定性和能否高性能运行，是设计的关键所在。

当传感器检测的是输出轴的速度、位置时，系统称为半闭环系统；当检测的是负载的速度、位置时，称为闭环系统；当同时检测输出轴和负载的速度、位置时，称为多重反馈闭环系统。

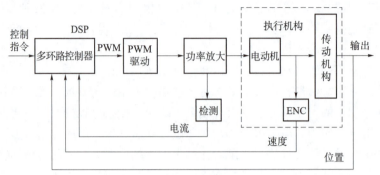

图 4-11　交流伺服系统

交流伺服系统的驱动器经历了模拟式、模式混合式的发展后，目前已经进入了全数字的时代。交流伺服驱动器的一般结构如图 4-12 所示，其不仅克服了模拟式伺服的分散性大、零漂、低可靠性等缺点，还充分发挥了数字控制在控制精度上的优势和控制方法的灵活，使伺服驱动器不仅结构简单，而且性能更加可靠。

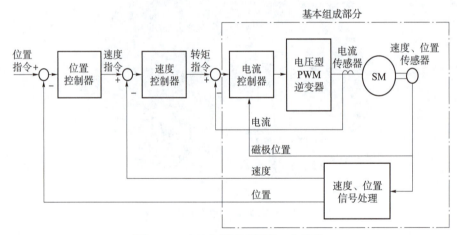

图 4-12　交流伺服驱动器的一般结构

永磁同步交流伺服驱动器主要由伺服控制单元、功率驱动单元、通信接口单元、伺服电动机及相应的反馈检测元件组成。交流伺服驱动器大体上可以划分为功能比较独立的功率板和控制板两个模块。

1. 功率板

功率板是强电部分，其中包括两个单元，一是功率驱动单元，用于电动机的驱动；二是开关电源单元，为整个系统提供数字和模拟电源。功率板首先通过三相全桥整流电路对输入的三相电或市电进行整流，得到相应的直流电。整流后的直流电再通过三相正弦 PWM 电压型逆变器逆变为所需频率的交流电来驱动三相永磁式同步交流伺服电动机。简言之，功率板的整个过程就是 AC-DC-AC 的过程。

2. 控制板

控制板是弱电部分，是电动机的控制核心，也是交流伺服驱动器技术核心控制算法的运行载体。控制板通过相应的算法输出 PWM 信号，作为驱动电路的驱动信号，来改变逆变器的输出功率，以达到控制三相永磁式同步交流伺服电动机的目的。

目前所采用的数字信号处理器（DSP）除具有快速的数据处理能力外，还集成了丰富的用于电动机强制的专用集成电路，如 A/D 转换器、PWM 发生器、定时计数器电路、异步通信电路、CAN 总线收发器以及高速的可编程静态 RAM 和大容量的程序存储器等。伺服驱动器通过采用磁场定向的控制原理和坐标变换，实现矢量控制，同时结合正弦波脉宽调制（SPWM）控制模式对电动机进行控制。永磁同步交流伺服电动机的矢量控制一般通过检测或估计电动机转子磁通的位置及幅值来控制定子电流或电压，故电动机的转矩只和磁通、电流有关，与直流电动机的控制方法相似，可以得到很高的控制性能。对于永磁同步交流伺服电动机，转子磁通位置与转子机械位置相同，通过检测转子的实际位置就可以得知电动机转子的磁通位置，从而使永磁同步交流伺服电动机的矢量控制比异步交流伺服电动机的矢量控制有所简化。

任务三　新型驱动器的特点

任务引入

【光不仅能带来光明，日本工程师开发出光驱动软体机器人】

软体机器人因其柔软、灵活，能够适应复杂的环境，有其独特的应用。基于此，东京大学提出一种新型的软体驱动器，由两片柔性质轻的聚合物薄膜制成，内含一种特殊的低沸点液体 Novec 7000。这种液体利用最佳波长的激光以及控制激光的系统，使得激光照射到驱动器上，液体吸收能量变成蒸气，从而能够在线性和角度方向上驱动。对比传统驱动器，该驱动器更加灵活、可靠、快速，耐疲劳性强。

图 4-13 所示为光驱动软体机器手。

图 4-13　光驱动软体机器手

任务目标

知识目标	能力目标	素质目标
了解新型驱动器的特点	能够阐述目前主流的新型驱动器的类型	增长见识、激发兴趣

知识链接

随着机器人技术的发展，出现了利用新工作原理制造的新型驱动器，如磁致伸缩驱动器、压电驱动器、静电驱动器、形状记忆合金驱动器、超声波驱动器、人工肌肉、光驱动器等。

1. 磁致伸缩驱动器

磁性体的外部一旦加上磁场，磁性体的外形尺寸就发生变化（焦耳效应），这种现象称为磁致伸缩现象。此时，如果磁性体在磁化方向的长度增大，则称为正磁致伸缩；如果磁性体在磁化方向的长度减小，则称为负磁致伸缩。从外部对磁性体施加压力，若磁性体的磁化状态发生变化（维拉利效应），则称为逆磁致伸缩现象。这种驱动器主要用于微小驱动场合。

2. 压电驱动器

压电材料是一种受力即在其表面上出现与外力成正比的电荷的材料，又称压电陶瓷。反过来，把电场加到压电材料上，则压电材料产生应变，输出力或位移。利用这一特性可以制成压电驱动器，这种压电驱动器可以达到驱动亚微米级精度。

3. 静电驱动器

静电驱动器利用电荷间的吸引力和排斥力互相作用顺序驱动电动机而产生平移或旋转的运动。因静电作用属于表面力，它和元件尺寸的二次方成正比，在尺寸微小化时，能够产生很大的能量。

4. 形状记忆合金驱动器

形状记忆合金是一种特殊的合金，一旦使它记忆了任意形状，即使它变形，当加热到某一适当的温度时，它也会恢复为变形前的形状。已知的形状记忆合金有 Au-Cd、In-Ti、Ni-Ti、Cu-Al-Ni、Cu-Zn-Al 等十几种。

5. 超声波驱动器

超声波驱动器就是利用超声波振动作为驱动力的一种驱动器，它由振动部分和移动部分所组成，是靠振动部分和移动部分之间的摩擦力来驱动的一种驱动器。

超声波驱动器没有铁芯和线圈、结构简单、体积小、质量轻、响应快、力矩大，不需配合减速装置就可以低速运行，因此，很适合用于机器人、照相机和摄像机等的驱动。

6. 人工肌肉

随着机器人技术的发展，驱动器从传统的电动机—减速器的机械运动机制，向骨骼→腱→肌肉的生物运动机制发展。人的手臂能完成各种柔顺作业，为了实现骨骼→肌肉的部分功能而研制的驱动装置称为人工肌肉。为了更好地模拟生物体的运动功能或在机器人上的应用，已研制出了多种类型的人工肌肉，如利用机械化学物质的高分子凝胶、形状记忆合金（SMA）制作的人工肌肉。气动人工肌肉是目前大量开发应用的人工肌肉。气动人工肌肉作为一种新型的气动驱动器，具有很多独特的优点：不需要减速装置和传动机构，可以直接驱动；不仅结构简单，动作灵活，而且功率质量比大；具有良好的柔顺性。由于这些特点，气动人工肌肉在机器人等领域有广泛的应用前景。

7. 光驱动器

某种强电介质（严密非对称的压电性结晶）受光照射，会产生几千伏每厘米的光感应电压，这种现象是压电效应和光致伸缩效应的结果。这是因为电介质内部存在不纯物，导致结晶严密非对称，在光激励过程中引起电荷移动而产生的。

机器人视不同需要可以采用一种驱动方式，也可采用联合驱动方式。例如，末端执行器动作采用气压驱动，手臂动作采用液压驱动，行走的车轮则用电气驱动，而对于微小驱动，则可采用磁致伸缩驱动器、压电驱动器、形状记忆合金驱动器等。选择驱动方式时，要考虑各方面的因素，加以综合分析，在对比的基础上确定较佳的驱动方案。

项目工单（四）

| 组名： | 组员： | 学号： | 组内评价： | 成绩： |

任务描述：识别工业机器人实训平台中所应用的驱动方式，并阐述其工作原理及特点。

任务目的：（1）掌握三种驱动方式的类型及特点。

（2）掌握三种驱动方式的工作原理。

任务实施：

（1）组织学生在工业机器人实训室中根据 ABB 工业机器人实训平台认识机器人系统应用了哪几种驱动类型。

（2）在老师的指导下学生画出每种驱动方式的结构，并阐述其工作原理。

（3）在老师的指导下，控制机器人本体各关节的转动速度及方向；调节气压回路气压大小。

检查与评估

反馈信息描述	产生问题的原因	解决问题的方法	评估结果

能力提高：

（1）简述电动机驱动器在工业机器人中独领风骚的本质原因。

（2）理清机器人实训平台中气压驱动的回路，阐述三联件的作用。

（3）简述交流伺服驱动器的结构及工作原理。

指导教师评语：

任务完成人签字： 日期： 年 月 日

习题

1. 工业机器人动力系统按动力源不同可分为 _____、_____ 和 _____三大类。

2. 液压动力系统利用_____将原动机的_____转换为液体的_____。

3. 液压传动的特点是转矩与惯量比 _____，即单位质量的输出功率_____。

4. 气动工业机器人采用_____为动力源。

5. 比较常用的电动驱动装置是_____、_____、_____三大类。

6. 无刷伺服电动机分为_____、_____，其中_____驱动已逐渐成为机器人的主流驱动方式。

7. 简述液压驱动、气动驱动、电动驱动的特点。

8. 简述液压驱动系统的组成及工作原理。

9. 简述气动驱动系统的组成及工作原理。

10. 常用的电动驱动装置有哪三大类？试对常用电动驱动系统的特点进行比较。

11. 永磁同步伺服驱动器主要由哪几部分组成？阐述各部分的功能。

12. 常用新型驱动器有哪些？有什么特点？

项目五　机器人控制系统认知

项目导读

近年来，智能机器人的研究如火如荼。这类机器人的控制机处理的信息量大，控制算法复杂。同时配备了多种内部、外部传感器，不但能感知内部关节运行速度及力的大小，还能对外部的环境信息进行感知、反馈和处理。目前广泛使用的工业机器人中，控制机多为微型计算机，外部用控制柜封装。如瑞典 ABB 公司的 IRB 系列机器人、德国库卡公司的 KB 系列机器人、日本安川公司的 MOTOMAN 机器人、日本发那科公司的 Mate 系列机器人等。如图 5-1 所示为 ABB 公司的紧凑型工业机器人控制器。

图 5-1　ABB 公司的紧凑型工业机器人控制器

这类机器人一般采用示教再现的工作方式，机器人的作业路径、运动参数由操作者手把手示教或通过程序设定，机器人重复再现示教的内容。机器人配有简单的内部传感器，用来感知运行速度、位置和姿态等，还可以配备简易的视觉、力传感器感知外部环境。

项目目标

知识目标	能力目标	素质目标
（1）掌握机器人控制系统的特性和基本要求； （2）掌握机器人控制方法的分类和组成； （3）掌握机器人示教控制法； （4）熟悉机器人运动控制，如速度控制、加速度控制和力控制	（1）能够根据控制系统工作任务描述其类型及工作流程； （2）能够识别控制系统的组成； （3）能够掌握机器人示教控制法并应用	（1）培养学生具有主动参与、积极进取、崇尚科学、探究科学的学习态度和思想意识； （2）养成理论联系实际、科学严谨、认真细致、实事求是的科学态度和职业道德

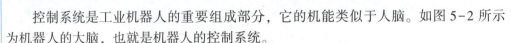

任务一　机器人控制综述

　　控制系统是工业机器人的重要组成部分，它的机能类似于人脑。如图 5-2 所示为机器人的大脑，也就是机器人的控制系统。

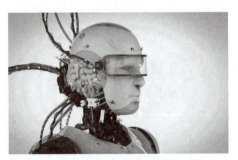

图 5-2　机器人的大脑——控制系统

　　工业机器人要与外围设备协调动作，共同完成作业任务，就必须具备一个功能完善、灵敏可靠的控制系统。工业机器人的控制系统总体来讲可以分为两大部分：一部分是对其自身运动的控制，另一部分是工业机器人与其周边设备的协调控制。工业机器人控制研究的重点是对其自身的控制。

知识目标	能力目标	素质目标
（1）掌握机器人控制系统的特性和基本要求； （2）掌握机器人控制方法的分类和组成	能够根据控制系统工作任务描述其类型及工作流程	（1）培养学生具有主动参与、积极进取、崇尚科学、探究科学的学习态度和思想意识； （2）养成理论联系实际、科学严谨、认真细致、实事求是的科学态度和职业道德

　　机器人的控制系统主要对机器人工作过程中的动作顺序、应到达的位置及姿态、路径轨迹及规划、动作时间间隔以及末端执行器施加在被作用物上的力和转矩等进行控制。

　　机器人控制技术和传统机械系统控制技术没有本质区别，但机器人控制系统也有许多特殊之处，具体如下：

　　（1）多关节联动控制。每个关节由一个伺服系统控制，多个关节的运动要求各个伺服系统协同工作以实现联动控制。

（2）基于坐标变换的运动控制。工业机器人的空间点位运动控制，需要进行复杂的坐标变换运算，以及矩阵函数的逆运算。

（3）复杂的数学模型。其数学模型是一个多变量、非线性和变参数的复杂模型，控制中经常使用复杂控制技术。

一、机器人控制系统的特性和基本要求

多数机器人各个关节的运动是相互独立的，为了实现机器人末端执行器的位置精度，需要多关节的协调。因此，机器人控制系统与普通的控制系统相比要复杂得多。机器人控制系统具有以下特性。

（1）机器人控制系统是一个多变量控制系统，即使是简单的工业机器人也有 3~5 个自由度，比较复杂的机器人有十几个自由度，甚至几十个自由度。每个自由度一般包含一个伺服机构，多个独立的伺服系统必须有机地协调起来。例如，机器人的末端执行器运动是所有关节的合成运动。要使末端执行器按照一定的轨迹运动，就必须控制机器人的基座、肘、腕等各关节协调运动，包括运动轨迹、动作时序等多方面。

（2）机器人的控制与机构运动学及动力学密切相关，运动描述复杂。描述机器人状态和运动的数学模型是一个非线性模型，随着状态的变化，其参数也在变化，各变量之间还存在耦合。因此，仅仅考虑位置闭环是不够的，还要考虑速度闭环，甚至加速度闭环。在控制过程中，根据给定的任务，还应当选择不同的基准坐标系，并做适当的坐标变换，以求解机器人运动学正问题和逆问题。此外，还要考虑各关节之间惯性力等的耦合作用和重力负载的影响，因此，还经常需要采用一些控制策略，如重力补偿、前馈、解耦或自适应控制等。

（3）具有较高的重复定位精度，系统刚性好。机器人的重复定位精度较高，一般为±0.1 mm。此外，由于机器人运行时要求平稳并且不受外力干扰，为此系统应具有较好的刚性。

（4）信息运算量大。机器人的动作规划通常需要解决最优问题。例如机械手末端执行器要到达空间某个位置，可以有好几种解决办法，此时就需要规划出一个最佳路径。较高级的机器人可以采用人工智能方法，用计算机建立起庞大的信息库，借助信息库进行控制、决策管理和操作。即使是一般的工业机器人，也需要根据传感器和模式识别的方法获得对象及环境的工况，按照给定的指标要求，自动选择最佳的控制规律。

（5）需采用加（减）速控制。过大的加（减）速度会影响机器人运动的平稳性，甚至使机器人发生抖动，因此在机器人启动或停止时采取加（减）速控制策略。通常采用匀加（减）速运动指令来实现。此外，机器人不允许有位置超调，否则将可能与工件发生碰撞。一般要求控制系统位置无超调，动态响应尽量快。

（6）工业机器人还有一种特殊的控制方式，即示教再现控制方式。当需要工业机器人完成某项作业时，可预先人为地移动工业机器人手臂来示教该作业的顺序、位置及其他信息。在此过程中相关的作业信息会存储在工业机器人控制系统的内存中。在执行任务时，工业机器人通过读取存储的控制信息来再现动作功能，并可重复进行该作业。此外，从操作的角度来看，要求控制系统具有良好的人机界面，尽量降低对操作者的技术要求。

总之，工业机器人控制系统是一个与运动学和动力学密切相关的、非耦合的、非线性的多变量控制系统。机器人控制系统的基本要求如下：

（1）多轴运动的协调控制，以产生要求的工作轨迹。

（2）较高的位置精度，很大的调速范围。

（3）系统的静差率要小，即要求系统具有较好的刚性。

（4）位置无超调，动态响应快。

（5）需采用加减速控制。

（6）各关节的速度误差系数应尽量一致。

（7）从操作的角度看，要求控制系统具有良好的人机界面，尽量降低对操作者的要求。

（8）从系统的成本角度看，要求尽可能地降低系统的硬件成本，更多地采用软件伺服的方法来完善控制系统的性能。

二、机器人控制方法的分类

工业机器人控制结构的选择，是由工业机器人所执行的任务决定的，对不同类型的机器人已经发展了不同的控制综合方法。工业机器人控制系统的分类，没有统一的标准。

（1）按运动坐标控制的方式来分，可分为关节空间运动控制、直角坐标空间运动控制。

（2）按控制系统对工作环境变化的适应程度来分，可分为程序控制系统、适应性控制系统、人工智能控制系统。

（3）按同时控制机器人数目的多少来分，可分为单控系统、群控系统。

（4）按作业任务的不同来分，可分为点位控制方式、连续轨迹控制方式、力（力矩）控制方式和智能控制方式等。

下面我们着重介绍按照不同的作业任务划分的控制方式。

（1）位置控制方式。机器人位置控制分为点位控制和连续轨迹控制两种方式。

①点位控制。这类控制的特点是仅控制离散点上机器人手爪或工具的位姿，要求尽快而无超调地实现相邻点之间的运动，但对相邻点之间的运动轨迹一般不做具体规定。点位控制的主要技术指标是定位精度和完成运动所需的时间。例如，在印制电路板上安插元件、点焊、搬运、上下料等工作，都采用点位控制方式。

②连续轨迹控制。这类运动控制的特点是连续控制机器人手爪的位姿轨迹。一般要求速度可控、轨迹光滑且运动平稳。轨迹控制的技术指标是轨迹精度和平稳性，例如，在弧焊、喷漆、切割等场所的机器人控制均属这一类。

（2）速度控制方式。对机器人运动控制来说，在位置控制的同时，有时还要进行速度控制。例如，在连续轨迹控制方式的情况下，机器人按预定的指令，控制运动部件的速度和实行加、减速，以满足运动平稳、定位准确的要求。为了实现这一要求，机器人的行程要遵循一定的速度变化曲线。由于机器人是一种工作情况（行程负载）多变、惯性负载大的运动机械，要处理好快速与平稳的矛盾，必须控制启动加速和停止前的减速这两个过渡运动区段。

（3）力（力矩）控制方式。在进行装配或抓取物体等作业时，机器人末端执行器与环境或作业对象的表面接触，除了要求准确定位之外，还要求使用适度的力或力矩进行工作，这时就要采取力（力矩）控制方式。力（力矩）控制是对位置控制的补充，这种方式的控制原理与位置伺服控制原理也基本相同，只不过输入量和反馈量不是位置信号，而是力（力矩）信号，因此，系统中有力（力矩）传感器。有时也利用接近觉、滑觉等功能进行适应性控制。

（4）智能控制方式。机器人的智能控制是通过传感器获得周围环境的信息，并根据自身内部的知识库做出相应的决策。采用智能控制技术，使机器人具有较强的环境适应性及自学习能力。智能控制技术的发展有赖于近年来的人工网络、基因算法、专家系统等人工智能的迅速发展。

任务二　机器人控制系统的一般构成

 任务引入

　　机器人控制系统是机器人的重要组成部分，用于对操作机的控制，以完成特定的工作任务，如图5-3为机器人控制系统。那么机器人控制系统的一般构成有哪些呢？

图 5-3　机器人控制系统

 **任务目标**

知识目标	能力目标	素质目标
（1）了解机器人控制系统的分层概念； （2）掌握机器人控制系统的硬件构成； （3）了解机器人软件伺服控制器	（1）能够了解机器人控制系统的分层概念； （2）能够掌握机器人控制系统的硬件构成； （3）能够了解机器人软件伺服控制器	（1）培养学生具有主动参与、积极进取、崇尚科学、探究科学的学习态度和思想意识； （2）养成理论联系实际、科学严谨、认真细致、实事求是的科学态度和职业道德

 知识链接

　　机器人控制系统具体的工作过程是：主控计算机接到工作人员输入的作业指令后，首先分析、解释指令，确定末端执行器的运动参数，然后进行运动学、动力学和插补运算，最后得出机器人各个关节的协调运动参数。这些参数经过通信线路输出到伺服控制级作为各个关节伺服控制系统的给定信号。关节驱动器将此信号 D/A 转换后驱动各个关节产生协调运动，并通过传感器将各个关节的运动输出信号反馈回伺服控制级计算机形成局部闭环控制，从而更加精确地控制机器人末端执行器按作业任务要求在空间的运动。在控制过程中，工作人员可直接监视机器人的运动状态，也可从显示器等输出装置上得到有关机器人运动的信息。

工业机器人控制系统的主要任务是控制机器人在工作空间中的运动位置、姿态和轨迹、操作顺序及动作的时间等项目，其中有些项目的控制是非常复杂的，其基本功能如下。

（1）记忆功能：存储作业顺序、运动路径、运动方式、运动速度和与生产工艺有关的信息。

（2）示教功能：离线编程，在线示教，间接示教。在线示教包括示教盒和导引示教两种。

（3）与外围设备联系功能：通过输入和输出接口、通信接口、网络接口、同步接口完成。

（4）坐标设置功能：有关节、绝对、工具、用户自定义四种坐标系。

（5）人机接口：示教盒、操作面板、显示屏。

（6）传感器接口：包括位置检测、视觉、触觉、力觉传感器等。

（7）位置伺服功能：机器人多轴联动、运动控制、速度和加速度控制、动态补偿等。

（8）故障诊断安全保护功能：运行时系统状态监视、故障状态下的安全保护和故障自诊断。

工业机器人控制系统的组成，如图5-4所示。

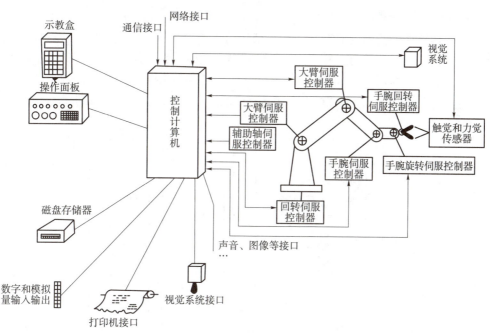

图5-4　工业机器人控制系统的组成

（1）控制计算机：控制系统的调度指挥机构。一般为微型机、微处理器，有32位、64位等，如奔腾系列CPU以及其他类型CPU。

（2）示教盒：示教机器人的工作轨迹和参数设定，以及所有人机交互操作，拥有自己独立的CPU以及存储单元，与主计算机之间以串行通信方式实现信息交互。

（3）操作面板器：由各种操作按键、状态指示灯构成，只完成基本功能操作。

（4）磁盘存储器：用于存储机器人工作程序的外围存储器。

（5）数字和模拟量输入输出：各种状态和控制命令的输入或输出。

（6）打印机接口：记录需要输出的各种信息。

（7）传感器接口：用于信息的自动检测，实现机器人柔顺控制，一般为力觉、触觉和视觉传感器。

（8）伺服控制器：完成机器人各关节位置、速度和加速度控制。

（9）辅助设备控制：用于和机器人配合的辅助设备控制，如手爪变位器等。

（10）通信接口：实现机器人和其他设备的信息交换，一般有串行接口、并行接口等。

（11）网络接口：与其他机器人以及上位管理计算机连接的 Ethernet 接口，可通过以太网实现数台或单台机器人的直接 PC 通信，数据传输速率高达 10 Mbit/s，可直接在 PC 上用 Windows 库函数进行应用程序编程之后，支持 TCP/IP 通信协议，通过 Ethernet 接口将数据及程序装入各个机器人控制器中。与其他设备连接的多种现场总线接口有 Device Net、Profibus-DP、CAN、Remote I/O、Interbus-s、M-NET 等。

一、机器人控制的分层概念

从机器人控制系统的硬件组成结构上，按其控制方式可分为三类控制系统——集中控制系统、主从控制系统、分散控制系统。

1. 集中控制系统

用一台计算机实现全部控制功能，结构简单，成本低，但实时性差，难以扩展，在早期的机器人中常采用这种结构，集中控制系统如图 5-5 所示。基于 PC 的集中控制系统里，充分利用了 PC 资源开放性的特点，可以实现很好的开放性，即多种控制卡、传感器设备等都可以通过标准 PCI 插槽或通过标准串口、并口集成到控制系统中。

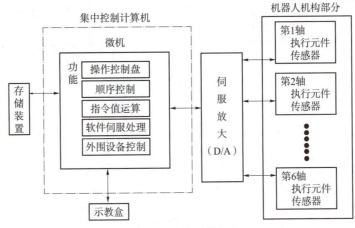

图 5-5　集中控制系统

集中控制系统的优点是：硬件成本较低，便于信息的采集和分析，易于实现系统的最优控制，整体性与协调性较好，基于 PC 的系统硬件扩展较为方便。其缺点也显而易见：系统控制缺乏灵活性，控制危险容易集中，一旦出现故障，其影响面广，后果严重；由于工业机器人的实时性要求很高，当系统进行大量数据计算时，会降低系

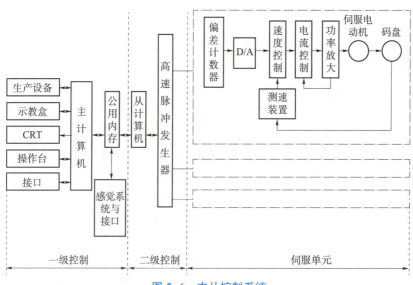（图顶部右侧）

统实时性，系统对多任务的响应能力也会与系统的实时性相冲突；此外，系统连线复杂，会降低系统的可靠性。

2. 主从控制系统

采用主、从两级处理器实现系统的全部控制功能，主从控制系统如图 5-6 所示。主 CPU 实现管理、坐标变换、轨迹生成和系统自诊断等；从 CPU 实现所有关节的动作控制。主从控制方式系统实时性较好，适于高精度、高速度控制，但其系统扩展性较差，维修困难。

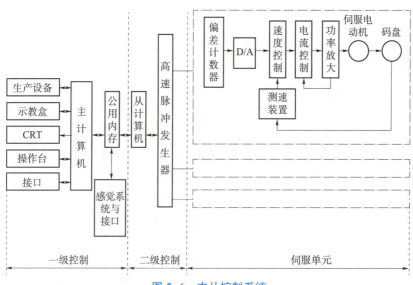

图 5-6　主从控制系统

3. 分散控制系统

分散控制系统按系统的性质和方式将系统控制分成几个模块，每一个模块各有不同的控制任务和控制策略，各模式之间可以是主从关系，也可以是平等关系。这种方式实时性好，易于实现高速、高精度控制，易于扩展，可实现智能控制，是目前流行的方式。分散控制系统的主要思想是"分散控制，集中管理"，即系统对其总体目标和任务可以进行综合协调和分配，并通过子系统的协调工作来完成控制任务，整个系统在功能、逻辑和物理等方面都是分散的，所以分散控制系统又称为集散控制系统或DCS 系统。这种结构中，子系统是由控制器和不同被控对象或设备构成的，各个子系统之间通过网络等相互通信。分布式控制结构提供了一个开放、实时、精确的机器人控制系统。因为机器人的控制过程中涉及大量的坐标变换和插补运算以及较低层的实时控制，所以，目前的机器人控制系统在结构上大多数采用分层结构的微型计算机控制系统，通常采用的是两级计算机伺服控制系统，如图 5-7 所示。

两级的分散控制系统，通常由上位机、下位机和网络组成。上位机可以进行不同的轨迹规划和控制算法，下位机进行插补细分、控制优化等的研究和实现。上位机和下位机通过通信总线相互协调工作，这里的通信总线可以是 RS-232、RS-485、EEE-488以及 USB 总线等形式。现在，以太网和现场总线技术的发展为机器人提供了更快速、稳定、有效的通信服务。尤其是现场总线，它应用于生产现场、在微机化测量控制设备之间实现双向多节点数字通信，从而形成了新型的网络集成式全分布控制系统——

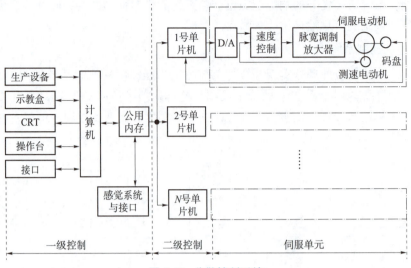

图5-7 分散控制系统

现场总线控制系统 FCS（Filed bus Control System）。从系统论的角度来说，工业机器人作为工厂的生产设备之一，也可以归纳为现场设备。

分散控制系统的优点在于：系统灵活性好，控制系统的危险性降低，采用多处理器的分散控制，有利于系统功能的并行执行，提高系统的处理效率，缩短响应时间。

对于具有多自由度的工业机器人而言，集中控制对各个控制轴之间的耦合关系处理得很好，可以很简单地进行补偿。但是，当轴的数量增加到使控制算法变得很复杂时，其控制性能会恶化。而且，当系统中轴的数量或控制算法变得很复杂时，可能会导致系统重新设计。与之相比，分布式结构的每一个运动轴都由一个控制器处理，这意味着，系统有较少的轴间耦合和较高的系统重构性。

目前用一台计算机实现全部控制功能的集中控制方式因其实时性差、难以扩展已经遭到淘汰。现在大部分工业机器人都采用主从控制方式，智能机器人或传感机器人都采用分散控制方式。

二、机器人控制系统的硬件构成

在机器人控制系统的硬件组成结构上，现在大部分工业机器人都采用二级计算机控制。第一级担负系统监控、作业管理和实时插补任务，由于运算工作量大，数据多，所以大都采用 16 位以上微型计算机或小型机。第一级运算结果作为伺服位置信号，控制第二级。

第二级为各关节的伺服系统，有两种可能方案：采用一台微型计算机控制高速脉冲发生器；使用几个单片机分别控制几个关节运动，如图 5-7 所示。

1. 一级控制

一级控制的上位机一般由个人计算机或小型计算机组成，其功能如下。

人机对话：人将作业任务给机器人，同时机器人将结果反馈回来，即完成人与机器人之间的交流。

数学运算：机器人运动学、动力学和数学插补运算。

通信功能：与下位机进行数据传送和相互交换。

数据存储：存储编制好的作业任务程序和中间数据。

2. 二级控制

二级控制的下位机一般由单片机或运动控制器组成，其功能如下。

伺服驱动控制：接收上位机的关节运动参数信号和传感器的反馈信号，并对其进行比较，然后经过误差放大和各种补偿，最终输出关节运动所需的控制信号。

3. 伺服单元

伺服单元的核心是运动控制器，一般由数字信号处理器及其外围部件组成，可以实现高性能的控制计算，同步控制多个运动轴，实现多轴协调运动。其应用领域包括机器人、数控机床等。

4. 内部传感器

内部传感器的主要目的是对自身的运动状态进行检测，即检测机器人各个关节的位移、速度和加速度等运动参数，为机器人的控制提供反馈信号。机器人使用的内部传感器主要包括位置、位移、速度和加速度等传感器。

5. 外部传感器

机器人要能在变化的作业环境中完成作业任务，就必须具备类似于人类对环境的感觉功能。将机器人用于对工作环境变化的检测传感器称为外部传感器，有时也拟人地称为环境感觉传感器或环境感觉器官。目前，机器人常用的环境感觉技术主要有视觉、听觉、触觉、力觉等。

三、机器人软件伺服控制器

把多个独立的伺服系统有机地协调起来，使其按照人的意志行动，甚至赋予机器人一定的"智能"，这个任务只能由计算机来完成。因此，机器人控制系统的软件伺服控制器担负着艰巨的任务。机器人控制系统软件部分由系统软件和应用软件组成。

1. 系统软件

系统软件包括用于个人计算机和小型计算机的计算机操作系统，以及用于单片机和运动控制器的系统初始化程序。

2. 应用软件

应用软件包括用于完成实施动作解释的执行程序，用于运动学、动力学和插补程序的运算软件，用于作业任务程序、编制环境程序的编程软件，用于实时监视、故障报警等程序的监控软件。

从基本结构上看，一个典型的机器人运动控制系统，如图 5-8 所示。该系统主要由上位计算机、运动控制器、驱动器、电动机、执行机构和反馈装置构成。

一般地，工业机器人控制系统软件伺服控制器的基本构成方案有三种，基于 PLC 的运动控制、基于 PC+运动控制卡的运动控制和纯 PC 机控制。

基于 PLC 的运动控制有两种，如图 5-9 所示。

（1）利用 PLC 的某些输出端口使用脉冲输出指令来产生脉冲以驱动电动机，同时使用通用 I/O 或者计数部件来实现电机的闭环位置控制。

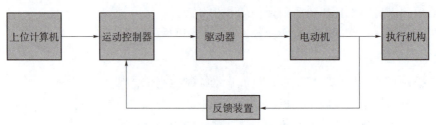

图 5-8　机器人运动控制系统的基本结构

（2）使用 PLC 外部扩展的位置模块来进行电机的闭环位置控制。

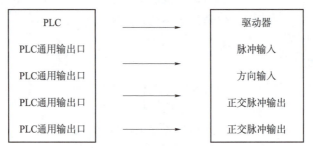

图 5-9　基于 PLC 的运动控制

基于 PC+运动控制卡的运动控制，其运动控制器以运动控制卡为主，工控 PC 机只提供插补运算和运动指令。运动控制卡完成速度控制和位置控制，如图 5-10 所示。

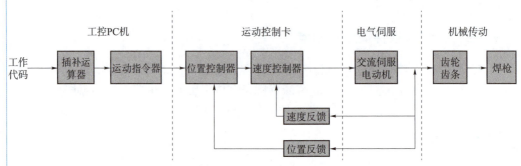

图 5-10　基于 PC+运动控制卡的运动控制

在高性能工业 PC 和嵌入式 PC（配备专为工业应用而开发的主板）的硬件平台上，可通过软件程序实现 PLC 和运动控制等功能，实现机器人需要的逻辑控制和运动控制。图 5-11 所示为完全 PC 结构的机器人控制系统。

通过高速的工业总线进行 PC 与驱动器的实时通信，显著地提高机器人的生产效率和灵活性。不过，在提供灵活的应用平台的同时，也大大提高了开发难度，延长了开发周期。由于其结构的先进性，这种结构代表了未来机器人控制结构的发展方向。

随着芯片集成技术和计算机总线技术的发展，专用运动控制芯片和运动控制卡越来越多地作为机器人的运动控制器。这两种形式的伺服运动控制器控制方便灵活，成本低，都以通用 PC 为平台，借助 PC 的强大功能来实现机器人的运动控制。前者利用专用运动控制芯片与 PC 总线组成简单的电路来实现；后者直接做成专用的运动控制卡。这两种形式的运动控制器内部都集成了机器人运动控制所需的许多功能，有专

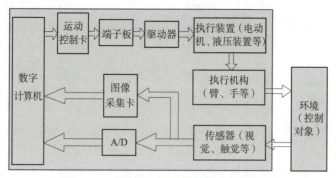

图 5-11 完全 PC 结构的机器人控制系统

用的开发指令，所有的控制参数都可由程序设定，使机器人的控制变得简单，易实现。

运动控制器都从主机（PC）接受控制命令，从位置传感器接收位置信息，向伺服电动机功率驱动电路输出运动命令。对于伺服电动机位置闭环系统来说，运动控制器主要完成了位置环的作用，可称为数字伺服运动控制器，适用于包括机器人和数控机床在内的一切交、直流和步进电动机伺服控制系统。

专用运动控制器的使用使得原来由主机完成的大部分计算工作由运动控制器内的芯片来完成，使控制系统硬件设计简单，与主机之间的数据通信量减少，解决了通信中的瓶颈问题，提高了系统效率。

任务三　速度控制

机器人的运动控制是指机器人末端执行器在空间从一点移动到另一点的过程或沿某一轨迹运动时，对其位姿、速度和加速度等运动参数的控制。在工业机器人控制系统中，控制方法往往取决于机器人的运动轨迹，如图 5-12 所示为机器人的涂胶路径规划。那么，你了解机器人的轨迹规划的工作过程吗？熟悉机器人控制系统的速度控制基本原理吗？

图 5-12　机器人的涂胶路径规划

任务目标

知识目标	能力目标	素质目标
（1）了解机器人轨迹规划的工作过程； （2）熟悉机器人控制系统的速度控制基本原理	（1）能够了解机器人轨迹规划的工作过程； （2）能够熟悉机器人控制系统的速度控制基本原理	（1）培养学生具有主动参与、积极进取、崇尚科学、探究科学的学习态度和思想意识； （2）养成理论联系实际、科学严谨、认真细致、实事求是的科学态度和职业道德

知识链接

机械手的运动路径是机器人位姿的一定序列。路径控制通常只给出机械手的动作起点和终点，有时也给出一些中间的经过点，所有这些点统称为路径点。要注意这些点不仅包括位置，还要包括方向。

运动轨迹取决于操作臂在运动过程中的位移、速度和加速度。轨迹控制就是控制机器人末端执行器沿着一定的目标轨迹运动。轨迹控制通常根据机械手完成的任务而定，但是必须按照一定的采样间隔，通过逆运动学计算，在关节空间中寻找光滑函数来拟合这些离散点。

根据机器人作业任务中要求的末端执行器运动，先通过运动学逆解和数学插补运算得到机器人各个关节运动的位移、速度和加速度，再根据动力学正解得到各个关节的驱动力（力矩）。机器人控制系统根据运算得到的关节运动状态参数控制驱动装置，驱动各个关节产生运动，从而合成手在空间的运动，由此完成要求的作业任务。轨迹规划的过程有：

（1）对机器人的任务、运动路径和轨迹进行描述。

（2）根据已经确定的轨迹参数，在计算机上模拟所要求的轨迹。

（3）对轨迹进行实际计算，即在运行时间内按一定的速率计算出位置、速度和加速度，从而生成运动轨迹。

在规划中，不仅要规定机器人的起点和终点，而且要给出各中间点（路径点）的位姿及路径点之间的时间分配，即给出相邻两个路径点之间的运动时间。轨迹规划既可在关节空间也可在直角空间中进行，但是作为规划的轨迹函数都必须连续和平滑，使得操作臂的运动平稳。

在实际运行中，机器人和机械手的各个关节不是独立运动的，而是协调运动的，即对各关节以协调的位置和速度进行控制。这就有必要研究机器人的分解运动控制问题，包括分解运动速度控制、分解运动加速度控制。本任务将逐一讨论这些问题。

分解运动意味着各关节电动机联合运动，并分解为沿各笛卡儿坐标轴的独立可控运动。这就要求几个关节的驱动电动机必须以不同的时变速度同时运行，以便实现沿各坐标轴方向所要求的协调运动。这种运动允许机器人用户沿着机械手跟随的任意方向路径来指定方向与速度。由于用户通常比较适应采用笛卡儿坐标而不是机械手的关节角坐标，所以分解运动控制能够很大地简化成为完成某个任务而对运动顺序提出的技术要求。

一般机械手的期望运动是按照手爪（夹手）以笛卡儿坐标表示的轨迹来规定的，而伺服控制系统却要求参考输入按关节坐标指定。要在笛卡儿坐标空间内设计出有效的控制，处理好这两个坐标系之间的数学关系是很重要的。我们将回忆和进一步叙述一个 6 轴机械手两坐标系间的基本运动学理论，以帮助我们理解各种重要的分解运动控制方法。

机械手手爪相对于固定参考坐标系的位置可通过对手爪建立正交坐标系来实现，即由 4×4 齐次变换矩阵表示为

$$\boldsymbol{T}_6 = \begin{bmatrix} n_x & o_x & a_x & p_x \\ n_y & o_y & a_y & p_y \\ n_z & o_z & a_z & p_z \\ 0 & 0 & 0 & 1 \end{bmatrix} = \begin{bmatrix} \boldsymbol{n} & \boldsymbol{o} & \boldsymbol{a} & \boldsymbol{p} \\ 0 & 0 & 0 & 1 \end{bmatrix} \qquad (5-1)$$

式中，$\boldsymbol{n}$、$\boldsymbol{o}$、$\boldsymbol{a}$、$\boldsymbol{p}$ 分别为微分坐标变换 $\{T\}$ 的列矢量。手爪的姿态可以用欧拉角来表示，如图 5-13 所示。

利用手爪与关节之间的运动关系，已知关节速度可以求出手爪的速度和角速度为

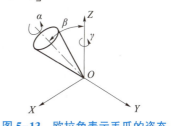

图 5-13　欧拉角表示手爪的姿态

$$\begin{bmatrix} V(t) \\ \omega(t) \end{bmatrix} = \boldsymbol{J}(q)\dot{\boldsymbol{q}}(t) = [\boldsymbol{J}_1(q) \quad \boldsymbol{J}_2(q) \quad \cdots \quad \boldsymbol{J}_6(q)]\dot{\boldsymbol{q}}(t) \tag{5-2}$$

式中，$\dot{\boldsymbol{q}}(t) = [\dot{q}_1 \quad \cdots \quad \dot{q}_6]^{\mathrm{T}}$ 为关节速度矢量，$\boldsymbol{J}(q)$ 为 6×6 雅可比矩阵，其第 i 列矢量 $\boldsymbol{J}_i(q)$ 由下式给出：

$$\boldsymbol{J}_i(q) = \begin{cases} \begin{bmatrix} \boldsymbol{Z}_{i-1}\times(p-p_{i-1}) \\ \boldsymbol{Z}_{i-1} \end{bmatrix} (\text{转动关节 } i) \\ \begin{bmatrix} \boldsymbol{Z}_{i-1} \\ 0 \end{bmatrix} (\text{移动关节 } i) \end{cases} \tag{5-3}$$

式中，p_{i-1} 为第 $i-1$ 坐标系相对于参考坐标系的原点，$\boldsymbol{Z}_{i-1}$ 为沿关节 i 运动轴方向上的单位矢量；p 为夹手相对于参考坐标系的位置。

如果逆雅可比矩阵对 $\dot{\boldsymbol{q}}(t)$ 存在，那么机械手的关节速度 $\dot{\boldsymbol{q}}(t)$ 可由其夹手速度来计算：

$$\dot{\boldsymbol{q}}(t) = \boldsymbol{J}^{-1}(q)\begin{bmatrix} V(t) \\ \omega(t) \end{bmatrix} \tag{5-4}$$

根据指出的夹手线速度和角速度要求，上式能够计算出各关节的速度，并指明关节电动机必须保持的速度，以保证夹手沿着期望的笛卡儿方向实现稳定运动。

对式（5-2）所示的速度矢量求导，即可得到夹手的加速度：

$$\begin{bmatrix} V(t) \\ \dot{\omega}(t) \end{bmatrix} = \dot{\boldsymbol{J}}(q)\dot{\boldsymbol{q}}(t) + \boldsymbol{J}(q)\ddot{\boldsymbol{q}}(t) = \dot{\boldsymbol{J}}(q)\boldsymbol{J}^{-1}(q)\begin{bmatrix} V(t) \\ \omega(t) \end{bmatrix} + \boldsymbol{J}(q)\ddot{\boldsymbol{q}}(t) \tag{5-5}$$

式中，$\ddot{\boldsymbol{q}}(t) = [\ddot{q}_1 \quad \cdots \quad \ddot{q}_6]^{\mathrm{T}}$ 为机械手的关节加速度矢量。

根据上式可由夹手的速度和加速度计算关节的加速度 $\ddot{\boldsymbol{q}}(t)$ 如下：

$$\ddot{\boldsymbol{q}}(t) = \boldsymbol{J}^{-1}(q)\begin{bmatrix} V(t) \\ \dot{\omega}(t) \end{bmatrix} - \boldsymbol{J}^{-1}(q)\dot{\boldsymbol{J}}(q)\boldsymbol{J}^{-1}(q)\begin{bmatrix} V(t) \\ \omega(t) \end{bmatrix} \tag{5-6}$$

上述分析和求得的关节坐标系与笛卡儿坐标系之间的运动学关系，将用来研究本任务后续部分，即为各种分解运动提供控制方法，并求出机械手夹手在笛卡儿坐标系中运动时的分解运动方程。

分解运动速度控制（Resolved Motion Rate Control，RMRC）意味着各关节电动机的运动联合进行，并以不同的速度同时运行，以保证夹手沿笛卡儿坐标轴稳定运动。分解运动速度控制先把期望的夹手（或其他末端工具）运动分解为各关节的期望速度，然后对各关节实行速度伺服控制。机器人在直角坐标系夹手速度和机器人关节速度之间的关系为

$$\dot{\boldsymbol{Z}}(t) = \boldsymbol{J}(q)\dot{\boldsymbol{q}}(t) \tag{5-7}$$

$\boldsymbol{J}(q)$ 是雅可比矩阵。给出沿世界坐标的期望速度，就能够很容易根据式（5-7）求得实现期望工具运动的各关节电动机速度的组合。我们可以采用计算逆雅可比矩阵的不同方法。图 5-14 表示一个分解运动速度控制的方框图。

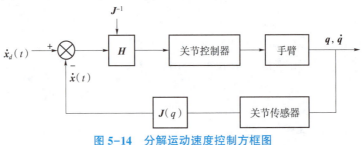

图 5-14　分解运动速度控制方框图

任务四　加速度控制

任务引入

机器人的运动控制是指机器人末端执行器在空间从一点移动到另一点的过程或沿某一轨迹运动时，对其位姿、速度和加速度等运动参数的控制。在工业机器人控制系统中，控制方法往往取决于机器人的运动轨迹，如图5-15所示为机器人的搬运路径规划。在前一任务中，我们了解了机器人轨迹规划的工作过程，熟悉了机器人控制系统的速度控制基本原理。那么，你了解机器人分解运动加速度控制的基本原理吗？

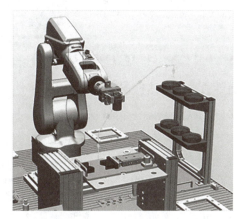

图5-15　机器人的搬运路径规划

任务目标

知识目标	能力目标	素质目标
（1）了解机器人分解运动加速度控制的基本原理； （2）掌握利用加速度信息来规划机械手夹手的轨迹的方法	（1）能够了解机器人分解运动加速度控制的基本原理； （2）能够掌握利用加速度信息来规划机械手夹手的轨迹的方法	（1）培养学生具有主动参与、积极进取、崇尚科学、探究科学的学习态度和思想意识； （2）养成理论联系实际、科学严谨、认真细致、实事求是的科学态度和职业道德

知识链接

分解运动加速度控制（Resolved Motion Acceleration Control，RMAC）把分解运动速度控制的概念扩展为加速度控制，对于直接涉及机械手位置和方向的位置控制问题，这是一个可供选择的替代方案。分解运动加速度控制首先计算出工具的控制加速度，然后把它分解为相应的各关节加速度，再按照动力学方程计算出控制力矩。

机械手夹手（工具）的实际位姿 $H(t)$ 和期望位姿 $H_d(t)$ 可分别由 4×4 齐次线性变换矩阵表示如下

$$H(t)=\begin{bmatrix} n(t) & o(t) & a(t) & p(t) \\ 0 & 0 & 0 & 1 \end{bmatrix} \tag{5-8}$$

$$H_d(t)=\begin{bmatrix} n_d(t) & o_d(t) & a_d(t) & p_d(t) \\ 0 & 0 & 0 & 1 \end{bmatrix} \tag{5-9}$$

把夹手的位置误差定义为夹手期望位置和实际位置之差，且可表示为

$$e_p(t)=p_d(t)-p(t)=\begin{bmatrix} p_{dx}(t)-p_x(t) \\ p_{dy}(t)-p_y(t) \\ p_{dz}(t)-p_z(t) \end{bmatrix} \tag{5-10}$$

相似地，定义夹手的方向（姿态）误差为夹手期望方向与实际方向的偏差，并可表示为

$$e_\theta(t)=\frac{1}{2}\left[n(t)\times n_d(t)+o(t)\times o_d(t)+a(t)\times a_d(t) \right] \tag{5-11}$$

于是，机械手的控制可通过减小这些误差至 0 来实现。

可由一个 6 维矢量 $\dot{Z}(t)$ 联合表示一台 6 关节机械手的线速度 $v(t)$ 和角速度 $\omega(t)$，即有广义速度

$$\dot{Z}(t)=\begin{bmatrix} v(t) \\ \omega(t) \end{bmatrix}=J(q)\dot{q} \tag{5-12}$$

式中，$J(q)$ 为 6×6 矩阵，并由式（5-3）给出。式（5-12）是分解运动速度控制的基础，其关节速度由夹手速度求解。如果进一步扩展这一思想，把它用于讨论由夹手加速度 $\ddot{Z}(t)$ 求各关节加速度，于是，对 $\dot{Z}(t)$ 求导即可得夹手加速度

$$\ddot{Z}(t)=J(q)\ddot{q}+\dot{J}(q\cdot\dot{q})\dot{q} \tag{5-13}$$

闭环分解运动加速度控制的指导思想是要把机械手的位置误差和方向误差减小至 0。如果机械手的笛卡儿坐标路径是预先规划好的，那么其夹手的期望位置 $p_d(t)$、期望速度 $v_d(t)$ 和期望加速度 $\dot{v}_d(t)$ 对于基坐标系来说是已知的。为了减小位置误差，可对机械手每个关节的驱动器施加关节力矩和力，使夹手的实际线加速度 $\dot{v}(t)$ 满足下列方程

$$\dot{v}(t)=\dot{v}_d(t)+K_v(v_d(t)-v(t))+K_p(p_d(t)-p(t)) \tag{5-14}$$

实际角加速度应满足：

$$\dot{\omega}(t)=\dot{\omega}_d(t)+K_v\left[\omega_d(t)-\omega(t) \right]+K_p e(t) \tag{5-15}$$

将以上两式合并得到

$$\ddot{Z}(t)=\ddot{x}_d(t)+K_v(\dot{Z}_d(t)-\dot{Z}(t))+K_p e(t) \tag{5-16}$$

求出关节加速度：

$$\ddot{q}(t)=J^{-1}(q)\left[\ddot{Z}_d(t)+K_v(\dot{Z}_d(t)-\dot{Z}(t))+K_p e(t)-\dot{J}(q,\dot{q})\dot{q}(t) \right]$$

$$=-K_v\dot{q}(t)+J^{-1}(q)\left[\ddot{Z}_d(t)+K_v\dot{Z}_d(t)+K_p e(t)-\dot{J}(q,\dot{q})\dot{q}(t) \right] \tag{5-17}$$

式中，$\dot{Z}_d(t)=\begin{bmatrix} v_d(t) \\ \omega_d(t) \end{bmatrix}$，$e(t)=\begin{bmatrix} e_p(t) \\ e_\theta(t) \end{bmatrix}=\begin{bmatrix} p_d(t)-p(t) \\ \phi_d(t)-\phi(t) \end{bmatrix}$。期望值为给定，误差值可

通过测量得到。

　　上式是机械手闭环分解运动加速度控制的基础。为了计算加于机械手每个关节驱动器的作用力矩和作用力，需要应用递归牛顿–欧拉运动方程。关节位置 $q(t)$ 和关节速度 $\dot{q}(t)$ 由电位器或光电编码器测量。v、ω、J、J^{-1} 和 $H(t)$ 的量值可根据上述各方程进行计算。把这些数值及由规划好了的轨迹得到的夹手期望位置、期望速度和期望加速度代入式（5–17），可计算出关节的加速度。所加关节作用力矩和作用力可对牛顿–欧拉运动方程递归求解而得到。犹如分解运动速度控制，分解运动加速度控制方法具有广泛的计算要求以及与雅可比矩阵有关的奇异性。这就需要应用加速度信息来规划机械手夹手的轨迹。

任务五　机器人的力控制技术

　　当机器人在进行装配、加工、抛光等作业时，要求机器人末端执行器与工件接触时保持一定大小的力。这时，如果只对机器人实施位置控制，有可能由于机器人的位姿误差或工件放置的偏差，造成机器人与工件之间没有接触或损坏工件。

　　对于这类作业一种比较好的控制方案是除了在一些自由度方向进行位置控制外，还需要在另一些自由度方向控制机器人末端执行器与工件之间的接触力，从而保证二者之间的正确接触，如图5-16所示为机器人运用力控制技术抓取苹果示意图。那么，你了解机器人的力控制技术的基本原理吗？

图5-16　机器人运用力控制技术抓取苹果示意

任务目标

知识目标	能力目标	素质目标
（1）了解机器人的力控制技术的基本原理； （2）了解机器人力控制需要解决的四大关键问题	（1）能够了解机器人力控制技术的基本原理； （2）能够了解机器人力控制需要解决的四大关键问题	（1）培养学生具有主动参与、积极进取、崇尚科学、探究科学的学习态度和思想意识； （2）养成理论联系实际、科学严谨、认真细致、实事求是的科学态度和职业道德

知识链接

　　力控制是将环境考虑在内的控制问题。为了对机器人实施力控制，需要分析机器人末端执行器与环境的约束状态，并根据约束条件制定控制策略，此外，还需要在机器人末端安装力传感器，用来检测机器人与环境的接触力。

控制系统根据预先制定的控制策略对这些力信息做出处理后，控制机器人在不确定环境下进行与该环境相适应的操作，从而使机器人完成复杂的作业任务。机器人力控制需要解决的四大关键问题如图 5-17 所示。

图 5-17　机器人力控制中需解决的四大关键问题

1. 位置伺服

机器人的力控制最终是通过位置控制来实现的，所以位置控制是机器人实施力控制的基础。另外，约束运动中机器人终端与刚性环境相接触时，微小的位移量往往会产生较大的环域约束力，因此位置伺服的高精度是机器人力控制的必要条件。经过几十年的发展，单独的位置伺服已达到较高水平。因此，针对力控制力/位之间的强耦合，必须有效解决力/位混合后的位置伺服。

2. 碰撞冲击及稳定性

稳定性是机器人研究中的难题，现有的研究主要从碰撞冲击和稳定性两方面进行研究。

磁撞冲击机器人力控制过程中，必然存在机器人与环境从非接触到接触的自然转换，Toumi 根据能量关系建立起碰撞冲击动力学模型并设计出力调节器，其实质是用比例控制器加上积分控制器和一个平行速度反馈补偿器，有望获得较好的力跟踪特性。

稳定性在力控制中普遍存在响应速度和系统稳定性之间的矛盾，因此，Roberts 研究了腕力传感器刚度对力控制中动力学的影响，提出了在高刚度环境中使用柔软力传感器，能获得稳定的力控制，并和 Stepien 一起研究了驱动刚度在动力学模型中的作用。

3. 未知环境的约束

在力控制研究中，表面跟踪是极为常见的典型依从运动。但环境的几何模型往往不能精确得到，多数情况是未知的。因此对未知环境的几何特征做在线估计，或者根据机器人在该环境下作业时的受力情况实时确定力控方向（表面法向）和位控方向（表面切向），实际上是机器人力控制的重要问题。

4. 力传感器

传感器直接影响力控制性，精度高（分辨率、灵敏度和线性度）、可靠性好和抗干扰能力强是机器人力传感器研究的目标。就安装部位而言，力传感器可分为关节式力/力矩传感器、手腕式力传感器和手指式力传感器。

关节式力/力矩传感器使用应变片进行力反馈，由于力反馈是直接加在被控制关节上的，且所有的硬件用模拟电路实现，避开了复杂计算难题，响应速度快。控制系统具有高增益和宽频带，但通过试验和稳定性分析发现，减速机构摩擦力影响力反馈精度，因而使得关节控制系统产生极限环。

手腕式力传感器被安装于机器人手爪与机器人手腕的连接处，它能够获得在机器人手爪实际操作时大部分的力信息。另外，因为手腕式力传感器精度高（分辨率、灵敏度和线性度等）、可靠性好、使用方便的缘故，所以是力控制研究中常用的一种力传感器。

任务六　机器人示教控制法

任务引入

人机交互（Human-Computer Interaction，HCI）是关于设计、评价和实现供人们使用的交互式计算机系统，并围绕这些方面的主要现象进行研究。狭义地讲，人机交互技术主要是研究人和计算机之间的信息交换，它主要包括人到计算机和计算机到人的信息交换两部分。

人们借助键盘、鼠标、操纵杆、数据服装、眼动跟踪器、位置跟踪器、数据手套、压力笔等设备，用手、脚、声音、姿态或身体的动作，通过眼睛甚至脑电波等向计算机传递信息；计算机通过打印机、绘图仪、显示器、头盔式显示器（HMD）、音响等输出设备或显示设备给人提供信息。机器人人机交互场景如图5-18所示，那么，你了解机器人与操作人员如何实现人机交互吗？

图5-18　机器人人机交互

任务目标

知识目标	能力目标	素质目标
（1）掌握机器人示教法的分类； （2）掌握机器人示教信息的使用方法	（1）能够了解机器人力控制技术的基本原理； （2）能够了解机器人力控制需要解决的四大关键问题	（1）培养学生具有主动参与、积极进取、崇尚科学、探究科学的学习态度和思想意识； （2）养成理论联系实际、科学严谨、认真细致、实事求是的科学态度和职业道德

知识链接

机器人中最典型的人机交互装置就是示教器，示教器亦称示教编程器，主要由液晶屏幕和操作按键组成。可由操作者手持移动，机器人的所有操作基本上都是通过它来完成的。示教器实质上就是一个专用的智能终端。

一、示教法的分类

工业机器人的示教功能由示教人员将机械手的运动预先教给机器人，在示教的过程中，机器人控制系统将各关节运动状态参数保存在存储器中。当需要机器人工作时，机器人的控制系统就调用存储器中的各项数据来驱动关节运动，使机器人再现示教过的机械手的运动，由此完成要求的作业任务。

示教编程，即操作者根据机器人作业的需要把机器人末端执行器送到目标位置，且处于相应的姿态，然后把这一位置、姿态所对应的关节角度信息记录到存储器保存。对机器人作业空间的各点重复以上操作，就把整个作业过程记录下来了，然后再通过适当的软件系统，自动生成整个作业过程的程序代码，这个过程就是示教过程。

机器人示教后可以立即应用，在再现时，机器人重复示教时存入存储器的轨迹和各种操作，如果需要，过程可以重复多次。机器人实际作业时，再现示教时的作业操作步骤就能完成预定工作。机器人示教产生的程序代码与机器人编程语言的程序指令形式非常类似。

机器人示教的方式种类繁多，总的可以分为集中示教方式和分离示教方式。

1. 集中示教方式

将机器人末端执行器在空间的位姿、速度、动作顺序等参数同时进行示教的方式称为集中示教方式。示教一次即可生成关节运动的伺服指令。

2. 分离示教方式

将机器人的末端执行器在空间的位姿、速度等参数分开单独进行示教的方式称为分离示教方式。它的效果要好于集中示教方式。

在对用点位（PTP）控制的点焊、搬运机器人进行示教时，可以分开编制程序，并且能进行编辑、修改等工作。但是机器人末端执行器在做曲线运动且位置精度要求较高时，示教点数就会较多，示教时间就会拉长。而且由于在每一个示教点处都要停止和启动，因此很难进行速度控制。

在对用连续轨迹（CP）控制的弧焊、喷漆机器人进行示教时，示教操作一旦开始就不能中途停止，必须不间断地进行到底，且在示教途中很难进行局部的修改。示教的一种方式是示教时可以由操作人员手把手示教，如图5-19所示。另一种比较普遍的方式是通过示教编程器示教，如图5-20所示。目前，绝大部分应用中的工业机器人均属于这一类。缺点是操作人员的水平影响工作质量。

在示教的过程中，机器人关节运动状态的变化被传感器检测到后经过转换送入控制系统，控制系统就将这些数据保存在存储器中，作为机械手再现这些运动时所需要的关节运动数据，如图5-21所示。系统记忆这些数据的速度取决于传感器的检测速

度、变换装置的转换速度和控制系统存储器的存储速度。记忆容量取决于控制系统存储器的容量。

图 5-19　操作人员手把手示教

图 5-20　通过示教编程器示教

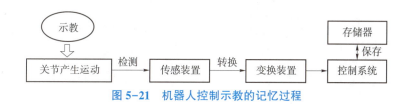

图 5-21　机器人控制示教的记忆过程

二、示教信息的使用方法

机器人示教器是工业机器人的主要组成部分，其设计与研究均由各厂家自行研制，图 5-22 所示为工业机器人四大家族典型的示教器产品：ABB、库卡（KUKA）、发那科（FANUC）、安川电机（YASKAWA）。

不同家族的示教器虽然在外形、功能和操作上都有不同，但也有很多共同之处。其结构上主要由显示屏和各种操作按键组成，显示屏主要由 4 个显示区组成，示教器功能键说明如下。

（1）菜单显示区：显示操作屏主菜单和子菜单。

（2）通用显示区：在通用显示区，可对作业程序、特性文件、各种设定进行显示和编辑。

（3）显示区：显示系统当前状态，如动作坐标系、机器人移动速度等。显示的信息根据控制柜的模式（示教或再现）不同而改变。

（4）人机对话显示区：在机器人示教或自动运行过程中，显示功能图标以及系统错误信息等。

示教器按键设置主要包括"急停键""安全开关""坐标选择键""轴操作键""Jog 键""速度键""光标键""功能键""模式旋钮"等。

在使用编程示教器时应注意以下几点：

（1）禁止用力摇晃机械臂及在机械臂上悬挂重物。

（2）示教时请勿戴手套，应穿戴和使用规定的工作服、安全鞋、安全帽、保护用具等。

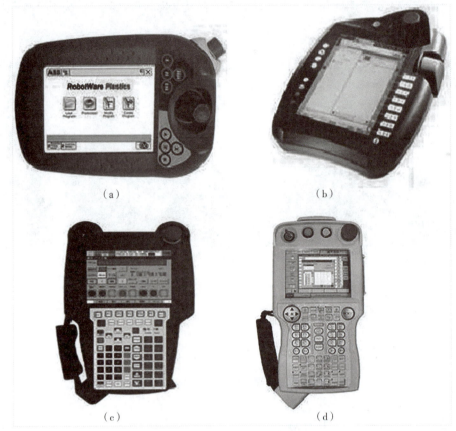

图 5-22　工业机器人四大家族典型的示教器产品

（a）ABB 示教器；（b）库卡（KUKA）示教器；

（c）发那科（FANUC）示教器；（d）安川电机（YASKAWA）示教器

（3）未经许可不能擅自进入机器人工作区域。调试人员进入机器人工作区域时，需随身携带示教器，以防他人误操作。

（4）示教前，需仔细确认示教器的安全保护装置是否能够正确工作，如"急停键""安全开关"等。

（5）在手动操作机器人时要采用较低的倍率速度以增加对机器人的控制机会。

（6）在按下示教器上的"轴操作键"之前要考虑到机器人的运动趋势。

（7）要预先考虑好避让机器人的运动轨迹，并确认该路径不受干涉。

（8）在察觉到有危险时，立即按下"急停键"，停止机器人运转。

机器人语言都是机器人公司自己开发的针对用户的语言平台，它是给用户示教编程使用的，力求通俗易懂。C 语言、C++语言、基于 IEC 61141 标准语言等是机器人公司做机器人系统开发时所使用的语言平台，这一层次的语言平台可以编写翻译解释程序，将用户示教的语言平台编写的程序翻译、解释成该层语言所能理解的指令，该层语言平台主要进行运动学和控制方面的编程，最底层就是机器语言，如基于 Intel 硬件的汇编指令等。常用的机器人语言有 VAL 语言、SIGLA 语言、IML 语言和 AL 语言。

（1）VAL 语言。VAL 语言是美国 Unimation 公司于 1979 年推出的一种机器人编程语言，主要配置在 PUMA 和 UNIMATION 等型机器人上，是一种专用的动作类描述语言。

（2）SIGLA 语言。SIGLA 是一种仅用于直角坐标式 SIGMA 装配型机器人运动控制时的一种编程语言，是 20 世纪 70 年代后期由意大利 Olivetti 公司研制的一种简单的非文本语言。这种语言主要用于装配任务的控制，它可以把装配任务划分为一些装配子任务。

（3）IML 语言。IML 语言也是一种着眼于末端执行器的动作级语言，由日本九州大学开发而成。IML 语言的特点是编程简单，能人机对话，适用于现场操作，许多复杂动作可由简单的指令来实现，易被操作者掌握。

（4）AL 语言。AL 语言是 20 世纪 70 年代中期美国斯坦福大学人工智能研究所开发研制的一种机器人语言，它是在 WAVE 的基础上开发出来的，也是一种动作级编程语言，但兼有对象级编程语言的某些特征，适合装配作业。

项目工单（五）

组名：	组员：	学号：	组内评价：	成绩：

任务描述：识别工业机器人实训平台中机器人所应用的控制系统，并阐述其工作原理及特点。

任务目的：（1）掌握机器人控制系统的特性和基本要求。
　　　　　（2）掌握机器人控制方法的分类和组成。
　　　　　（3）掌握机器人示教控制法。

任务实施：

　（1）在工业机器人实训室中利用 ABB 工业机器人实训平台，组织学生认识机器人控制系统的应用，掌握机器人控制系统的特性和基本要求。

　（2）在教师的指导下学生能够掌握机器人控制方法的分类和组成，并阐述其工作原理。

　（3）在教师的指导下，学生能够掌握机器人示教法的分类，以及机器人示教信息的使用方法。

检查与评估

反馈信息描述	产生问题的原因	解决问题的方法	评估结果

能力提高：

　（1）能够根据控制系统工作任务描述其类型及工作流程；

　（2）能够识别控制系统的组成；

　（3）能够掌握机器人示教控制法并应用。

指导教师评语：

任务完成人签字：　　　　　　　　　日期：　　　年　　月　　日

习题

1.［判断题］机器人控制系统是一个与运动学和动力学原理密切相关的、有耦合的、非线性的多变量控制系统。　　　　　　　　　　　　　　（　　）

2.［判断题］工业机器人控制技术和传统机械系统控制技术没有本质区别，没有

特殊之处。 （   ）

3. ［判断题］机器人位置控制的目的就是要使机器人各关节实现预先所规划的运动，最终保证机器人的末端执行器沿预定的轨迹运行。 （   ）

4. ［判断题］路径和轨迹规划仅需用到机器人的运动学，不需要用到机器人动力学。 （   ）

5. 与普通的控制系统相比机器人控制系统具有哪些特性？

6. 工业机器人控制系统如何分类？

7. 工业机器人控制系统的基本组成有哪些？各自起什么作用？

8. 简述轨迹规划需要解决的问题。

9. 机器人力控制需要解决的四大关键问题是什么？

10. 工业机器人控制器的功能主要有哪些？

11. 请简述机器人控制示教的记忆过程。

12. 示教器编程使用时其注意事项有哪些？

项目六　机器人感知系统认知

项目导读

　　随着机器人越来越多地参与到我们的生产生活中，我们逐渐发现它们的"类人"属性越来越明显，甚至在某些时候，我们甚至觉得它像是拥有人的感官和思维。它们可以灵巧躲避障碍物，甚至会听会说会交流，逐渐成了我们工作生活中不可或缺的助手。其实，机器人这一系列类人的能力离不开它日益成熟的感知系统。机器人感知系统的基础硬件单元是由不同种类的传感器构成的，它们作为机器人身上的感觉器官，充当了眼睛、耳朵、鼻子等重要角色。不同类型的传感器用于收集不同的测量信息，经过数据处理阶段后将其输送到不同的感知算法中，为机器人后续的规划、控制阶段提供支持。

项目目标

知识目标	能力目标	素质目标
（1）熟悉获取各种传感器信号的传感器类型； （2）掌握传感器的选用要求； （3）掌握增量式编码器、绝对式编码器的工作原理； （4）掌握角编码器测量轴转速的原理； （5）掌握常用外部传感器的类型及工作原理	（1）能够根据所需传感器型号选用适当传感器类型； （2）能够识别传感器的各项性能指标； （3）能够描述光电编码器的工作原理； （4）能够描述常用外部传感器的类型及其工作原理	（1）培养学生对工业机器人的兴趣，培养学生关心科技、热爱科学、勇于创新的精神； （2）培养安全意识、严谨细致的工作态度和良好的工作习惯

学习笔记

 任务一　机器人传感器的基本分类及选择指标

任务引入

　　人类具有5种感觉，即视觉、嗅觉、味觉、听觉和触觉。机器人有类似人一样的感觉系统，如图6-1所示为Asimo机器人的传感器分布。机器人则是通过传感器得到这些信息的，这些信息通过传感器采集，通过不同的处理方式，可以分成视觉、力觉、触觉、接近觉等几个大类。

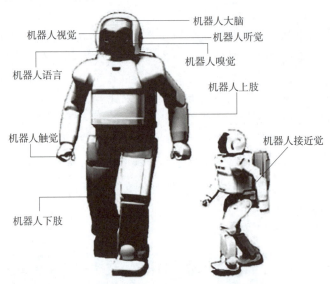

图6-1　Asimo机器人的传感器分布

任务目标

知识目标	能力目标	素质目标
（1）熟悉获取各种传感器信号的传感器类型； （2）掌握机器人传感器的选择要求	（1）能够识别机器人传感器类型； （2）能做描述机器人传感器的选择要求	（1）培养学生对工业机器人的兴趣，培养学生关心科技、热爱科学、勇于创新的精神； （2）培养学生的安全意识、严谨细致的工作态度和良好的工作习惯

知识链接

一、机器人传感器的基本分类

　　根据传感器在机器人上应用的目的和使用范围的不同，配置的传感器类型、规格不一定相同，一般分为内部传感器和外部传感器。

内部传感器和外部传感器是根据传感器在系统中的作用来划分的，某些传感器既可以当作内部传感器使用，也可以当作外部传感器使用。例如，力传感器，当用于末端执行器或操作臂的自重补偿中时，是内部传感器；当用于测量操作对象或障碍物的反作用力时，是外部传感器。

内部传感器用于检测机器人的自身状态（如手臂间角度、机器人运动工程中的位置、速度和加速度等）；外部传感器用于检测机器人所处的外部环境和对象状况等，如抓取对象的形状、空间位置、有没有障碍、物体是否滑落等。机器人内、外传感器的分类如表 6-1 所示。

表 6-1　机器人用内、外传感器的分类

传感器	检测内容	检测器件	应用
位置	位置、角度	电位器、直线感应同步器 角度式电位器、光电编码器	位置移动检测 角度变化检测
速度	速度	测速发电机、增量式码盘	速度检测
加速度	加速度	压电式加速度传感器 压阻式加速度传感器	加速度检测
触觉	接触	限制开关	动作顺序控制
	把握力	应变计、半导体感压元件	把握力控制
	荷重	弹簧变位测量器	张力控制、指压控制
	分布压力	导电橡胶、感压高分子材料	姿势、形状判别
	多元力	应变计、半导体感压元件	装配力控制
	力矩	压阻元件、电动机电流计	协调控制
	滑动	光学旋转检测器、光纤	滑动判定、力控制
接近觉	接近	光电开关、LED、红外、激光	动作顺序控制
	间隔	光电晶体管、光电二极管	障碍物躲避
	倾斜	电磁线圈、超声波传感器	轨迹移动控制、探索
视觉	平面位置	摄像机、位置传感器	位置决定、控制
	距离	测距仪	移动控制
	形状	线图像传感器	物体识别、判别
	缺陷	画图像传感器	检查、异常检测
听觉	声音	麦克风	语言控制（人机接口）
	超声波	超声波传感器	导航
嗅觉	气体成分	气体传感器、射线传感器	化学成分探测
味觉	味道	离子敏感器、pH 计	

二、机器人传感器的选择指标

机器人传感器的选择取决于机器人的工作需要和应用特点，对机器人感知系统的要求是选择传感器的基本依据。

机器人传感器选择的一般要求：

（1）精度高、重复性好。

（2）稳定性和可靠性好。

（3）抗干扰能力强。

（4）质量轻、体积小、安装方便。

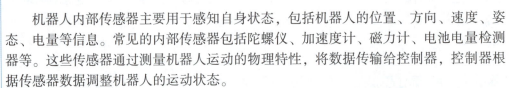

任务二　**机器人内部传感器**

任务引入

　　机器人内部传感器主要用于感知自身状态，包括机器人的位置、方向、速度、姿态、电量等信息。常见的内部传感器包括陀螺仪、加速度计、磁力计、电池电量检测器等。这些传感器通过测量机器人运动的物理特性，将数据传输给控制器，控制器根据传感器数据调整机器人的运动状态。

任务目标

知识目标	能力目标	素质目标
（1）掌握常用机器人内部传感器的种类及其工作原理； （2）掌握增量式光电编码器、绝对式光电编码器的工作原理	（1）能够描述光电编码器的工作原理； （2）能够描述常用内部传感器的类型及其工作原理	（1）培养学生对工业机器人的兴趣，培养学生关心科技、热爱科学、勇于创新的精神； （2）培养学生的安全意识、严谨细致的工作态度和良好的工作习惯

知识链接

　　机器人内部传感器以自己的坐标系统确定位置。内部传感器一般安装在机器人的机械上，而不是安装在周围环境中。内部传感器的作用在于确保机器人在执行任务时保持稳定、可靠的状态，提高机器人的工作效率。

　　以下我们将对机器人几种比较常见的内部传感器进行介绍。

一、电位器式位移传感器

　　按照位移的特征，电位器式位移传感器可分为线位移和角位移两类。线位移是指机构沿着某一条直线运动的距离，角位移是指机构沿某一定点转动的角度。

　　电位器是一种典型的位置传感器，可分为直线型（测量位移）和旋转型（测量角度）两类。

　　电位器式位移传感器结构简单，性能稳定可靠，精度高，可较方便地选择其输出信号范围。电位器式位移传感器由一个线绕电阻（或薄膜电阻）和一个滑动触点组成。其中滑动触点通过机械装置受被检测量的控制。当被检测的位置量发生变化时，滑动触点也发生位移，从而改变了滑动触点与电位器各端之间的电阻值和输出电压值，根据这种输出电压值的变化，可以检测出机器人各关节的位置和位移量。

　　图6-2所示为线性电位计。电位器式位移传感器位移和电压的关系为

$$x = \frac{L(2e - E)}{E}$$

式中，E 为输入电压，L 为触头最大移动距离，x 为向左端移动的距离，e 为电阻右侧的输出电压。

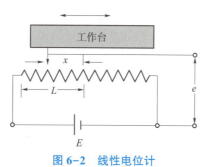

图 6-2 线性电位计

旋转型电位器式位移传感器的电阻元件是呈圆弧状的，滑动触点也只能在电阻元件上做圆周运动。旋转型电位器式位移传感器有单圈电位器和多圈电位器两种。由于滑动触点等的限制，单圈电位器的工作范围只能小于 360°，分辨率也有一定限制。对于多数应用情况来说，这些并不会妨碍它的使用。假如需要更高的分辨率和更大的工作范围，可以选用多圈电位器。

二、光电编码器

光电编码器是一种应用广泛的位置传感器。光电编码器是集光、机、电技术于一体的数字化传感器，它利用光电转换原理将旋转信息转换为电信息，并以数字代码输出，可以高精度地测量转角或直线位移，属于光电式位移传感器。光电编码器具有测量范围大、检测精度高、价格便宜等优点，在机器人的位置检测及其他工业领域都得到了广泛的应用。一般把光电编码器装在机器人各关节的转轴上，用来测量各关节转轴转过的角度，如图 6-3 所示。

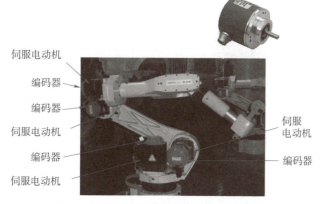

图 6-3 光电编码器在机器人中的使用位置

1. 绝对式光电编码器

绝对式光电编码器可以产生供每种轴使用的独立、单值的码字。它的每个读数都与前面的读数无关。绝对式光电编码器的优点之一是当系统断电时，能够记录发生中断的位置，当电源恢复时把记录情况通知系统。采用这类光电编码器的机器人，即使电源中断导致旋转部位发生位置移动，仍能保持校准。

绝对式光电编码器通常由光源、光敏元件和编码盘组成，如图6-4所示。编码盘处在光源与光敏元件之间，其轴与电动机轴相连，随电动机的旋转而旋转。编码盘上有4个同心圆环码道，整个圆盘又以一定的编码形式（如二进制编码等）分为16等份的扇形区段，如图6-5所示。光电编码器利用光电原理把代表被测位置的各等份上的数码转换成电脉冲信号输出，以用于检测。

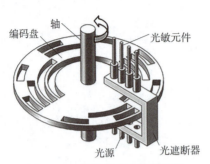

图6-4 4位绝对式光电编码器

图6-5 4位绝对式光电编码器编码盘

利用码道个数相同的4个光电器件分别与各自对应的码道对准并沿编码盘的半径呈直线排列，通过这些光电器件的检测把代表被测位置的各等份上的数码转换成电信号输出。编码盘每转一周产生0000～1111共16个二进制数，对应于转轴的每一个位置均有唯一的二进制编码，因此可用于确定旋转轴的绝对位置。

绝对位置的分辨率（分辨角）α取决于二进制编码的位数，即码道的个数n。分辨率α的计算公式为

$$\alpha = \frac{360°}{2^n}$$

如有10个码道，则此时角度分辨率可达0.35°。目前市场上使用的光电编码器的编码盘数为4～18道。在应用中通常需要考虑伺服系统要求的分辨率和机械传动系统的参数，以选择合适的编码器。

注意，由于制造和安装精度的影响，当编码盘回转在两码段交替过程中时，会产生读数误差。例如，当编码盘顺时针方向旋转，由位置"0111"变为"1000"时，这四位数要同时都变化，可能将数码误读成16种代码中的任意一种，如读成1111、1011、1101、…、0001等，会产生无法估计的很大的数值误差，这种误差称为非单值性误差。为了消除非单值性误差，可采用格雷码盘或带判位光电装置的二进制循环码盘。

2. 增量式光电编码器

增量式光电编码器能够以数字形式测量出转轴相对于某一基准位置的瞬间角位置，此外还能测出转轴的转速和转向。增量式光电编码器主要由光源、编码盘、检测光栅、光电检测器件和转换电路组成，具体结构如图6-6所示。编码盘上刻有节距相等的辐射状透光缝隙，相邻两个缝隙之间代表一个增量周期τ；检测光栅上刻有三个同心光栅，分别称为A相、B相和C相光栅。A相光栅与B相光栅上分别有间隔相等的透明和不透明区域，用于透光和遮光，A相和B相在编码盘上互相错开半个节距$\frac{\tau}{2}$。增量式光电编码器编码盘如图6-7所示。

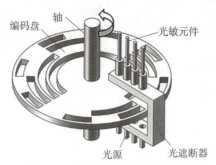

图 6-6　增量式光电编码器简图

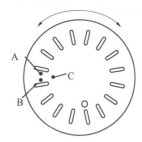

图 6-7　增量式光电编码器编码盘

当编码盘逆时针方向旋转时，A 相光栅先于 B 相光栅透光导通，A 相和 B 相光电元件接收时断时续的光；当编码盘顺时针方向旋转时，B 相光栅先于 A 相光栅透光导通，A 相和 B 相光电元件接收时断时续的光。根据 A、B 相任何一光栅输出脉冲数的多少就可以确定编码盘的相对转角；根据输出脉冲的频率可以确定编码盘的转速；采用适当的逻辑电路，根据 A、B 相输出脉冲的相序就可以确定编码盘的旋转方向。可见，A、B 两相光栅的输出为工作信号，而 C 相光栅的输出为标志信号，编码盘每旋转一周，发出一个标志信号脉冲，用来指示机械位置或对积累量清零。

光电编码器的分辨率（分辨角）α 是以编码器轴转动一周所产生的输出信号的基本周期数来表示的，即每转脉冲数（PPR）。假设编码盘的透光缝隙数目为 n，则分辨率 α 的计算公式为

$$\alpha = \frac{360°}{n}$$

由上式可知，编码盘旋转一周输出的脉冲信号数目取决于透光缝隙数目的多少，编码盘上刻的缝隙越多，编码器的分辨率就越高。

由于增量式光电编码器的光电码盘加工相对容易，因此其成本比绝对式光电编码器低，而分辨率高。然而，只有使机器人首先完成校准操作以后才能获得绝对位置信息。通常，这不是很大的缺点，因为校准操作一般只在加上电源后才能完成。若在操作过程中发生意外断电，由于增量式光电编码器没有"记忆"功能，故必须在通电后再次完成校准。

3. 工业机器人中使用的位置编码器

在工业机器人系统中，由于机械机构的限制，不可能在末端执行器处安装位置传感器来直接检测末端执行器在空间中的姿态，所以都是利用安装在电动机处的编码器读出关节的旋转角度，然后利用运动学来求出末端执行器在空间的位姿。而机器人上电或复位后不允许找零，必须知道机身当前所处的状态，因此绝对式光电编码器是必需的。但由于绝对式光电编码器只能在电动机旋转一圈内进行记忆，而机器人关节电动机又不可能只在一圈内转动，很显然绝对式光电编码器是不合适的。解决该问题的方法是采用增量式光电编码器并内置电池，通过电池供电解决增量式光电编码器断电后不能记忆的问题，其代码由电池记忆而成为绝对值，且并非每个位置都有一一对应的代码表示，因此这种编码器也称为伪绝对式编码器。

MOTOMAN SV3 机器人本体上有两组电池，每组两节电池，负责保存三个轴编码

器的位置数据。在使用中，当电池电压下降到一定程度时，示教器上会出现电压不足的报警信号，遇到这种情况时要及时更换电池。

三、速度传感器

速度传感器是工业机器人中较重要的内部传感器之一。由于在机器人中主要需测量的是机器人关节的运行速度，故这里仅介绍角速度传感器。除使用前述的光电编码器外，测速发电机也是广泛使用的角速度传感器。测速发电机可分为两种：交流测速发电机和直流测速发电机。

交流测速发电机应用较少，特别适用于遥控系统。因此，这里我们只介绍直流测速发电机。

直流测速发电机是一种用于检测机械转速的电磁装置，能把机械转速变换为电压信号，其输出电压与输入转速成正比，实质是一种微型直流发电机。直流测速发电机的工作原理基于法拉第电磁感应定律，当通过线圈的磁通量恒定时，位于磁场中的线圈旋转使线圈两端产生的感应电动势与线圈转子的转速成正比，即

$$U = kn$$

式中，U 为输出电压（V），n 为发电机转速，k 为比例系数。

改变旋转方向时，输出电动势的极性即相应改变。在被测机构与测速发电机同轴连接时，只要检测出输出电动势，就能获得被测机构的转速，故又称为速度传感器。直流测速发电机广泛用于各种速度或位置控制系统。在自动控制系统中，直流测速发电机作为检测速度的元件，以调节电动机转速或通过反馈来提高系统的稳定性和精度；在解算装置中既可作为微分积分元件，也可用于加速或延迟信号，或用于测量各种运动机械在摆动、转动或直线运动时的速度。

直流测速发电机的定子是永久磁铁，转子是线圈绕组，它的优点是停机时不产生残留电压，因此最适宜用作速度传感器。它有两个缺点：一是电刷部分属于机械接触，对维修的要求高；另一个是换向器在切换时产生的脉动电压会导致测量精度降低。因此，现在也有无刷直流测速发电机。

任务三　机器人外部传感器

任务引入

工业机器人外部传感器的作用是为了检测作业对象及环境或机器人与它们的关系，在机器人上安装触觉传感器、视觉传感器、力觉传感器、接近觉传感器、超声波传感器和听觉传感器等，可以大大改变机器人的工作状况，使其能够更充分地完成复杂的工作。

任务目标

知识目标	能力目标	素质目标
（1）掌握触觉传感器的类型及工作原理； （2）掌握接近觉传感器的分类及工作原理； （3）了解听觉传感器的工作原理	（1）能够描述常用外部传感器的类型及其工作原理； （2）了解常用外部传感器的安装和调试方法	（1）培养学生对工业机器人的兴趣，培养学生关心科技、热爱科学、勇于创新的精神； （2）培养学生的安全意识、严谨细致的工作态度和良好的工作习惯

知识链接

一、触觉传感器

机器人触觉的原型是模仿人的触觉功能，通过触觉传感器与被识别物体相接触或相互作用来完成对物体表面特征和物理性能的感知。触觉包括接触觉、压觉、力觉、冷热觉、滑动觉、痛觉等。

在机器人中，使用触觉传感器主要有以下三方面的作用。

（1）使操作动作适当。如感知手指同对象物之间的作用力，便可判定动作是否适当，还可以用这种力作为反馈信号，通过调整，使给定的作业程序实现灵活的动作控制。这一作用是视觉无法代替的。

（2）识别操作对象的属性。如规格、质量、硬度等，有时可以代替视觉进行一定程度的形状识别，在视觉无法使用的场合尤为重要。

（3）用以躲避危险、障碍物等以防事故，相当于人的痛觉。

触觉传感器是用于机器人中模仿触觉功能的传感器，按功能可分为接触觉传感器、力/力矩觉传感器、压觉传感器和滑觉传感器。

1. 接触觉传感器。

接触觉传感器用以判断机器人（主要指四肢）是否接触到外界物体或测量被接

触物体的特征的传感器。接触觉传感器有微动开关、导电橡胶、含碳海绵、碳素纤维、气动复位式装置等类型。

（1）微动开关式：由弹簧和触头构成。触头接触外界物体后离开基板，造成信号通路断开，从而测到与外界物体的接触。这种常闭式（未接触时一直接通）微动开关的优点是使用方便、结构简单，缺点是易产生机械振荡和触头易氧化。

（2）导电橡胶式：它以导电橡胶为敏感元件。当触头接触外界物体受压后，压迫导电橡胶，使它的电阻发生改变，从而使流经导电橡胶的电流发生变化。这种传感器的缺点是由于导电橡胶的材料配方存在差异，出现的漂移和滞后特性也不一致，优点是具有柔性。

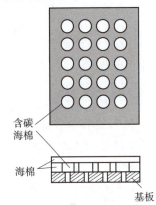

含碳海棉

海棉

基板

图 6-8 含碳海绵接触觉传感器

（3）含碳海绵式：它在基板上装有海绵构成的弹性体，在海绵中按阵列布以含碳海绵，如图 6-8 所示。当接触物体受压后，含碳海绵的电阻减小，通过测量流经含碳海绵电流的大小，可确定受压程度。这种传感器也可用作压力觉传感器。其优点是结构简单、弹性好、使用方便。缺点是碳素分布的均匀性直接影响测量结果和受压后恢复能力较差。

（4）碳素纤维式：以碳素纤维为上表层，下表层为基板，中间装以氨基甲酸酯和金属电极。接触外界物体时碳素纤维受压与电极接触导电。其优点是柔性好，可装于机械手臂曲面处，但滞后较大。

（5）气动复位式：它有柔性绝缘表面，受压时易变形，脱离接触时则由压缩空气作为复位的动力。与外界物体接触时其内部的弹性圆泡（铍铜箔）与下部触点接触而导电。其优点是柔性好、可靠性高，但需要压缩空气源。

2. 力/力矩觉传感器

机器人在工作时，需要有合理的握力，握力太小或太大都不合适。

机器人常用的力/力矩觉传感器分为以下三类。

（1）装在关节驱动器上的力/力矩觉传感器，称为关节传感器。它可以测量驱动器本身的输出力和力矩；可用于控制中力的反馈。

（2）装在末端执行器和机器人最后一个关节之间的力/力矩觉传感器，称为腕力/力矩传感器。它直接测出作用在末端执行器上的力和力矩。

（3）装在机器人手爪指（关节）上的力/力矩觉传感器，称为指力/力矩传感器，它用来测量夹持物体时的受力情况。

工业机器人的这三种力/力矩觉传感器依其不同的用途有不同的特点，关节力/力矩觉传感器用来测量关节的受力（力矩）情况，信息量单一，传感器结构也较简单，是一种专用的力/力矩觉传感器；指力/力矩觉传感器一般测量范围较小，同时受手爪尺寸和质量的限制，其在结构上要求小巧，也是一种较专用的力/力矩觉传感器；腕力/力矩传感器从结构上来说，是一种相对复杂的传感器，它能获得手爪三个方向的受力（力矩），信息量较多，又由于其安装的部位在末端执行器和工业机器人手臂之间，比较容易形成通用化的产品系列。

力/力矩觉传感器的种类很多，有电阻应变片式、压电式、电容式、电感式以及各种外力传感器。力/力矩觉传感器通过弹性敏感元件将被测力或力矩转换成某种位移量或变形量，然后通过各自的敏感介质把位移量或变形量转换成能够输出的电量。

力/力矩觉传感器主要使用的元件是电阻应变片。电阻应变片是利用金属丝拉伸时电阻变大的现象，将它粘贴在加力的方向上，对电阻应变片在左右方向上加力，用导线将电阻应变片接到外部电路上，如图 6-9 所示，可测定输出电压，算出电阻值的变化。

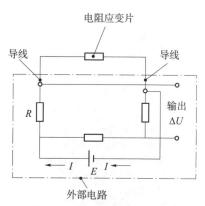

图 6-9　力/力矩觉传感器电桥电路

3. 压觉传感器

压觉传感器用于测量接触外界物体时所受压力和压力分布的传感器。它有助于机器人对接触对象的几何形状和硬度的识别。压觉传感器的敏感元件可由各类压敏材料制成，常用的有压敏导电橡胶、由碳纤维烧结而成的丝状碳素纤维片和绳状导电橡胶的排列面等。图 6-10 是以压敏导电橡胶为基本材料的压觉传感器。在导电橡胶上面附有柔性保护层，下部装有玻璃纤维保护环和金属电极。在外压力作用下，导电橡胶电阻发生变化，使基底电极电流相应变化，从而检测出与压力成一定关系的电信号及压力分布情况。通过改变导电橡胶的渗入成分可控制电阻的大小。例如，渗入石墨可加大电阻，渗碳、渗镍可减小电阻。通过合理选材和加工可制成高密度分布式压觉传感器。这种传感器可以测量细微的压力分布及其变化，故有人称之为"人工皮肤"。

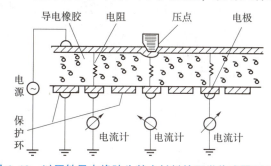

图 6-10　以压敏导电橡胶为基本材料的压觉传感器原理图

4. 滑觉传感器

滑觉传感器用于判断和测量机器人抓握或搬运物体时物体所产生的滑移。按有无滑动方向检测功能可分为无方向性、单方向性和全方向性三类。

（1）无方向性滑觉传感器有探针耳机式的，它由蓝宝石探针、金属缓冲器、压电罗谢尔盐晶体和橡胶缓冲器组成。滑动时探针产生振动，由罗谢尔盐晶体转换为相应的电信号。缓冲器的作用是减小噪声。

（2）单方向性滑觉传感器有滚筒光电式的，被抓物体的滑移使滚筒转动，导致光敏二极管接收到透过码盘（装在滚筒的圆面上）的光信号，通过滚筒的转角信号可测出物体的滑动情况。

（3）全方向性滑觉传感器采用表面包有绝缘材料并构成经纬分布的导电与不导电区的金属球，如图6-11所示。当传感器接触物体并产生滑动时，球发生转动，使球面上的导电与不导电区交替接触电极，从而产生通断信号，通过对通断信号的计数和判断可测出滑移的大小和方向。这种传感器的制作工艺要求较高。

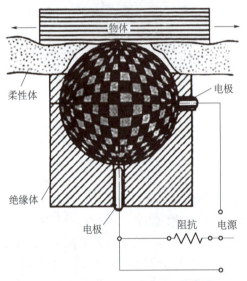

图 6-11 球式全方向性滑觉传感器

二、接近觉传感器

接近觉传感器主要是用来感知传感器与物体之间的接近程度。它与精确的测距系统虽然不同，但又有许多相似之处。可以说接近觉传感器是一种粗略的距离传感器。接近觉传感器在工业机器人中主要有两个用途：避障和防止撞击。前者可使移动的工业机器人绕开障碍物，后者如机械手可在抓取物体时实现柔性接触。接近觉传感器应用的场合不同，感觉的距离范围也不同，远者可达几米至十几米，近者为几毫米甚至1 mm以下。

以下，我们简要介绍常用的光电式接近觉传感器和感应式接近觉传感器。

1. 光电式接近觉传感器

光电式接近觉传感器也简称为光电开关，它是利用被检测物体对来光的遮挡或反射，由同步回路选通电路，从而检测物体有无的。被检测物体不限于金属，所有能反射光线的物体均可被检测。光电开关一般由发射器、接收器和检测电路三部分构成，如图6-12所示。发射器对准目标发射光束，发射的光束一般来自半导体光源，如发光二极管（LED）、激光二极管及红外发射二极管。工作时发射器不间断地发射光束，或者改变脉冲宽度。接收器由光电二极管、光电晶体管、光电池组成，在接收器的前面装有光学元件，如透镜和光圈等。多数光电开关选用的是波长接近可见光的红外线光波型。光电开关可根据需要做成多种形式，如图 6-13 所示是不同形式光电开关的外形图。

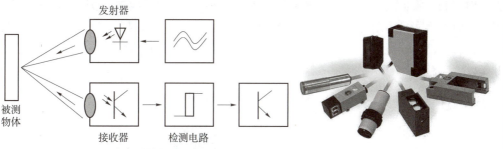

图 6-12　光电开关的构成及工作原理　　　　图 6-13　光电开关实物图

光电开关根据光的发送接收工作方式不同可分为漫反射式、镜面反射式、对射式、槽式（U形）和光纤式几种类型。

1）漫反射式光电开关

漫反射式光电开关是光电开关中的一种，它集发光器和收光器于一体，能够区分目标的反射光和反射板反射回的光。它的光通过时是两倍的信号持续时间，有效作用距离从 0.1 m 到 20 m。图 6-14 所示为漫反射式光电开关。

图 6-14　漫反射式光电开关

2）镜面反射式光电开关

镜面反射式光电开关是一种集发射器和接收器于一体的传感器，通过反射镜将光线反射到接收器，产生开关信号。它的检测距离较远，特别适合检测大物体。相比漫反射式光电开关，镜面反射式光电开关的可靠性更高，适用范围更广，安装也更方便。图 6-15 所示为镜面反射式光电开关。

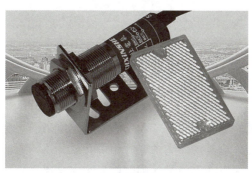

图 6-15　镜面反射式光电开关

3）对射式光电开关

对射式光电开关具有一对结构上相互分离且光轴相对放置的发射器和接收器，它由发射器和接收器组成，发射器发出的光线直接进入接收器，当被检测物体经过发射器和接收器之间且阻断光线时，光电开关就产生了开关信号。对射式光电开关具有效率高、可靠性强的特点，特别适合不透明物体的检测。图6-16所示为对射式光电开关。

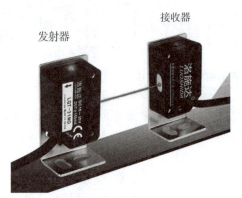

图6-16 对射式光电开关

4）槽式（U形）光电开关

槽式光电开关采用标准的U字形结构，发射器和接收器分别位于U形槽的两边，形成一光轴。当被检测物体经过槽时，光会被遮挡，光电开关会产生开关量信号，从而完成一次控制动作。槽式光电开关适用于检测高速运动的物体，能够分辨透明与半透明物体。槽式光电开关的检测距离因整体结构限制一般为几厘米。图6-17所示为槽式光电开关。

图6-17 槽式光电开关

5）光纤式光电开关

光纤式光电开关是一种利用塑料或玻璃光纤传感器来引导光线，可以对距离远的被检测物体进行测量的光电开关。它由光纤组件和放大器构成，利用光纤无源传递且不受电磁干扰的特点，可以将电信号从类似的影响中分离出来。光纤式光电开关适用于检测微小目标、狭窄空间、高温环境、强电磁场、振动机器、有腐蚀性气体、防爆场所、液位检测等场合。图 6-18 所示为光纤式光电开关。

图 6-18　光纤式光电开关

2. 感应式接近觉传感器

按构成原理不同，感应式接近觉传感器又可分为线圈磁铁式、电涡流式和霍耳式等类型。

1）线圈磁铁式接近觉传感器

它由装在壳体内的一块小永久磁铁和绕在磁铁上的线圈构成。当被测物体进入永久磁铁的磁场时，就在线圈里感应出电压信号。

2）电涡流式接近觉传感器

它由线圈、激励电路和测量电路组成。它的线圈受激励而产生交变磁场，当金属物体接近时就会由于电涡流效应而输出电信号。

3）霍耳式接近觉传感器

它由霍耳元件或磁敏二极管、晶体管构成。当磁敏元件进入磁场时就产生霍耳电动势，从而能检测出引起磁场变化的物体的接近。

感应式接近觉传感器有多种灵活的结构形式，以适应不同的应用场合。

（1）可直接用于对传送带上经过的金属物品计数。

（2）可做成空心管状对管中落下的小金属品计数。

（3）可套在钻头外面，在钻头断损时发出信号，使机床自动停车。

（4）可在气缸中确定活塞位置。

如图 6-19 所示为适用于不同气缸的磁性开关形式。

图 6-19　适用于不同气缸的磁性开关形式

三、听觉传感器

智能机器人在为人类服务的时候，需要能听懂主人的吩咐，因此需要给机器人安装耳朵，首先分析人耳的构造。

声音是由不同频率的机械振动波组成的，外界声音使外耳鼓产生振动，中耳将这种振动放大、压缩和限幅，并抑制噪声。经过处理的声音传送到中耳的听小骨，再通过卵圆窗传到内耳耳蜗，由柯蒂氏器、神经纤维进入大脑。内耳耳蜗充满液体，其中有 30 000 个长度不同的纤维组成的基底膜，它是一个共鸣器。长度不同的纤维能听到不同频率的声音，因此内耳相当于一个声音分析器。智能机器人的耳朵首先要具有接收声音信号的器官，其次还需要有语音识别系统。

在机器人中常用的声音传感器主要有动圈式声音传感器和光纤式声音传感器。

项目工单（六）

组名：	组员：	学号：	组内评价：	成绩：

任务描述：识别工业机器人实训平台中所应用的传感器，并阐述其类别及工作原理。

任务目的：（1）掌握获取各种传感器信号的传感器类型。

（2）掌握编码器的工作原理。

任务实施：

（1）组织学生在工业机器人实训室中根据 ABB 工业机器人实训平台认识机器人系统应用了哪几种传感器，辨别传感器的类别。

（2）学生阐述机器人实训平台中每种传感器的工作原理，并理清传感器的接线方式。

（3）在教师的指导下，打开机器人关节外壳，查看编码器的安装位置，阐述编码器的工作原理。

检查与评估

反馈信息描述	产生问题的原因	解决问题的方法	评估结果

能力提高：

（1）根据现场环境及工况，能进行工业机器人常用传感器的正确安装和调试。

（2）掌握编码器测量轴转速的原理。

（3）简述多传感器融合技术的实现方法及技术瓶颈。

指导教师评语：

任务完成人签字：　　　　　　　　　　日期：　　　年　　月　　日

习题

1. 根据传感器在机器人上应用的目的和使用范围的不同，配置的传感器类型、规格不一定相同，一般分为_____和_____。

2. 机器人内部传感器用于检测机器人_____。

3. 电位器式位移传感器是一种典型的位置传感器，可分为_____

和_____。

4. 光电编码器一般可以分为_____和_____。

5. 触觉传感器是用于机器人中模仿触觉功能的传感器，按功能可分为_____、_____、_____和_____。

6. 光电开关根据光的发送接收工作方式不同可分为_____、_____、_____、_____和_____类型。

7. 机器人的内部传感器有哪些？

8. 选择工业机器人传感器的时候主要考虑哪些因素？

9. 请说明增量式光电编码器的工作原理及优点。

10. 请说明绝对式光电编码器的工作原理。

11. 机器人外部传感器有哪些？

12. 简述常用接近觉传感器的分类及其工作原理。

项目七　机器人视觉技术认知

项目导读

近年来，机器人尤其是工业机器人的迅猛发展，带动了机器视觉市场需求的大幅增长。在以高端装备制造为核心的智造工业4.0时代背景下，随着中国制造2025战略的深入，工业智能机器人产业市场呈现爆炸式增长势头，而充当工业机器人"火眼金睛"角色的机器视觉可谓是功不可没。

对于机器人而言，让工业机器人或机械手"长"一双眼睛，为机器视觉赋予其精密的运算系统和处理系统，模拟生物视觉成像和处理信息的方式，目的就是使机械手更加拟人灵活地操作执行，同时识别、比对、处理场景，生成执行指令，进而一气呵成地完成所有的动作。如图7-1所示为机器人仿人眼视觉系统。

图7-1　机器人仿人眼视觉系统

项目目标

知识目标	能力目标	素质目标
（1）掌握机器人视觉系统的基本原理； （2）掌握图像获取及视觉处理的方法； （3）熟悉视觉技术的应用领域； （4）熟悉视觉技术的发展趋势	（1）能够根据视觉系统工作任务描述其类型及工作流程； （2）能够识别视觉系统的组成； （3）能够描述图像获取及视觉处理的步骤	（1）培养学生对机器人视觉技术的兴趣； （2）培养学生具有主动参与、积极进取、崇尚科学、探究科学的学习态度和思想意识

任务一　机器人视觉系统的组成及基本原理

图 7-2 所示为常见的机器人视觉分拣系统。图中采用关节机器人和双目 3D 视觉传感器为基础，搭建基于视觉定位技术的机器人分拣系统。其在工作过程中，将多个不同形状的物块放置在不同的物料盒里，机器人控制系统采用等时间间隔的触发方式触发相机进行拍照，采集分拣对象的位姿信息，计算机通过一定的处理算法对试验物块进行识别、计算，获取分拣对象的分类信息和坐标信息、旋转角度后，以一定的数据格式传递给机器人控制系统，机器人控制系统根据视觉系统传回的信息，控制机器人末端执行机构进行拾取操作，将不同形状物块放置到分别指定的位置。

在以上案例中，机器人视觉分拣系统由哪几部分组成呢？它们是如何工作的呢？

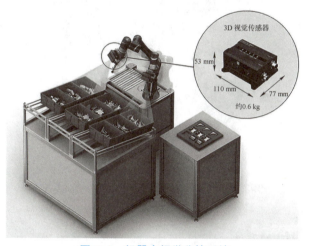

3D 视觉传感器

53 mm
110 mm　77 mm
约0.6 kg

图 7-2　机器人视觉分拣系统

知识目标	能力目标	素质目标
（1）熟悉机器人视觉系统的组成； （2）掌握机器人视觉系统的工作原理	（1）能够识别视觉系统的组成； （2）能够根据视觉系统工作任务描述其类型及工作流程	培养学生对智能化机器人的探究兴趣

机器人视觉技术涉及对目标对象的图像获取技术、对图像信息的处理技术以及对

目标对象的测量、检测与识别技术。工业机器人视觉系统在作业时，工业相机首先获取到工件当前的位置状态信息，并传输给视觉系统进行分析处理，再和工业机器人进行通信，实现工件坐标系与工业机器人坐标系的转换，调整工业机器人至最佳位置姿态，最后引导工业机器人完成作业。一个完整的工业机器人视觉系统是由众多功能模块共同组成的，所有功能模块相辅相成，缺一不可。基于计算机的工业机器人视觉系统由相机与镜头、光源、传感器、图像采集卡、图像处理软件、机器人控制单元和工业机器人等部分组成，具体如图7-3所示。

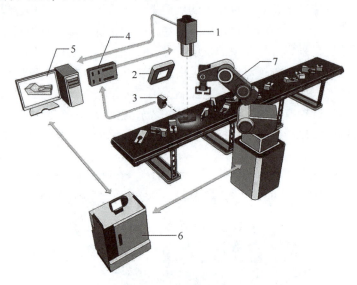

图7-3　机器人视觉系统的组成

1—相机与镜头；2—光源；3—传感器；4—图像采集卡；
5—图像处理软件；6—机器人控制单元；7—工业机器人

1. 相机与镜头

相机与镜头属于成像器件，通常的工业机器人视觉系统都是由一套或者多套成像系统组成的，如果有多路相机，可由图像采集卡切换获取图像数据，也可由同步控制同时获取多相机通道的数据。

2. 光源

光源作为辅助成像器件，对成像质量的好坏往往起到至关重要的作用，各种形状的 LED 灯、高频荧光灯、光纤卤素灯等类型的光源都可能用到。

3. 传感器

传感器通常以光纤开关、接近开关等形式出现，用以判断被测对象的位置和状态，通知图像传感器进行正确的采集。

4. 图像采集卡

图像采集卡通常以插卡的形式安装在计算机中，图像采集卡的主要工作是把相机输出的图像输送给计算机主机。它将来自相机的模拟或数字信号转换成一定格式的图像数据流，同时可以控制相机的一些参数，如触发信号、曝光时间、快门速度等。

5. 图像处理软件

图像处理软件用来处理输入的图像数据，然后通过一定的运算得出结果，这个输出的结果可能是 PASS/FAIL 信号、坐标位置、字符串等。常见的图像处理软件以 C/C++图像库、ActiveX 控件、图形化编程环境等形式出现，可以是专用功能的（如仅用于 LCD 检测、BGA 检测、模板对准等），也可以是通用目的的（包括定位、测量、条码/字符识别、斑点检测等）。通常情况下，智能相机集成了图像采集卡和图像处理软件的功能。

6. 机器人控制单元

机器人控制单元包含 I/O、运动控制、电平转化单元等，一旦图像处理软件完成图像分析（除非仅用于监控）后，紧接着需要和外部单元进行通信以完成对生产过程的控制。简单的控制可以直接利用部分图像采集卡自带的 I/O，相对复杂的逻辑/运动控制则必须依靠附加可编程逻辑控制单元/运动控制卡来控制工业机器人等设备实现必要的动作。

7. 工业机器人

工业机器人作为视觉系统的主要执行单元，根据控制单元的指令及处理结果，完成对工件的定位、检测、识别、测量等操作。

任务二　图像的获取

任务引入

如图7-4人眼与相机对比图所示，如果把工业相机比喻为人眼，则相机中的视觉传感器相当于人眼中的视网膜，镜头就相当于晶状体，它直接关系到监看物体的远近、范围和效果。在正常情况下，外界的光线经过角膜、晶状体这些屈光介质以后，会在视网膜上形成物像，视网膜表面存在感光细胞，会把这些信号通过视觉传导通路传到视觉中枢，反馈到视网膜表面以后，就会形成清晰的物像，这样人的眼睛就能看到东西了。

相机的成像原理与眼球类似，那我们相机是如何获取图像的呢？

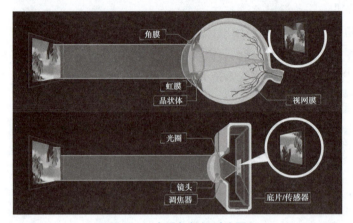

图7-4　人眼与相机对比图

任务目标

知识目标	能力目标	素质目标
（1）掌握透镜成像原理； （2）掌握图像获取的原理	能够描述图像获取的步骤	养成理论联系实际的科学态度

知识链接

为得到一个实际的物体图像，第一步是用一适当的照明装置照射该物体，然后通过光学系统将该物体成像在视觉传感器，传感器输出的模拟视频信号经数字化形成一幅数字图像，并存入帧存储器中，以便供计算机或专用硬件构成的视觉处理器进一步处理和分析。

镜头由一系列光学镜片和镜筒组成，其作用相当于一个凸透镜，使物体成像。因此一般的机器人视觉系统直接应用透镜成像理论来描述摄像机成像系统的几何投影模型，如图 7-5 所示。

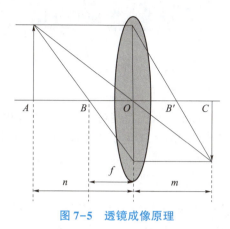

图 7-5　透镜成像原理

根据物理学中光学原理可知

$$\frac{1}{f}=\frac{1}{m}+\frac{1}{n}$$

式中，透镜焦距 $f=OB$；像距 $m=OC$；物距 $n=AO$。

一般由于 $n \gg f$，则有 $m \approx f$，这时可以将透镜成像模型近似地用小孔（或针孔）成像模型代替。针孔成像模型假设物体表面的反射光都经过一个针孔而投影到像平面上，即满足光的直线传播条件。针孔成像模型主要由光心（投影中心）、成像面和光轴组成，如图 7-6 所示。针孔成像模型与透镜成像模型具有相同的成像关系，即像点是物点和光心的连线与图像平面的交点。

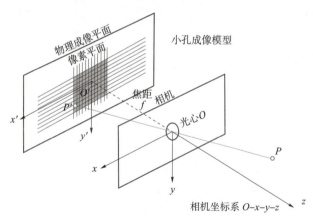

图 7-6　针孔成像模型

实际应用中通常对上述针孔成像模型进行反演，如针对图 7-6 所示，首先将成像面坐标系 $O'-x'y'z$ 设置为参考坐标系，并保持不动；再将成像面沿着光轴向右移动 f 距离，直到与光心重合，此时基于 $O'-x'y'z$ 坐标系，物体在成像面所成图像的坐标为 $P'(x', y')$。根据小孔透视模型，由投影的几何关系就可以建立空间中任何物体在相机中的成像位置的数学模型。对于眼睛、摄像机或其他许多成像设备而言，小孔透视模型是最基本的模型，也是一种最常用的理想模型，其物理上相当于薄透镜，其成像关系是线性的。针孔成像模型不考虑透镜的畸变，在大多数场合，这种模型可以满足精度要求。

任务二　图像的处理

任务引入

在获取了图像之后，我们需要对图像进行处理。图像处理是利用计算机对图像进行分析，以达到所需的结果。如图 7-7 所示为图像处理前后对比图。

目前大多数的图像是以数字形式存储的，因而图像处理很多情况下指数字图像处理。这种处理大多数是依赖于软件实现的。

图 7-7　图像处理前后对比

任务目标

知识目标	能力目标	素质目标
掌握图像处理的方法	能够描述图像处理的方式及步骤	养成理论联系实际、科学严谨、认真细致、实事求是的科学态度和职业道德

知识链接

机器人视觉工作过程通常包括数字图像获取、图像处理与分析、输出三个部分。其中，数字图像获取包括图像的输入与数字化，图像处理与分析过程包括预处理、分割、特征提取、识别 4 个模块，如图 7-8 所示。

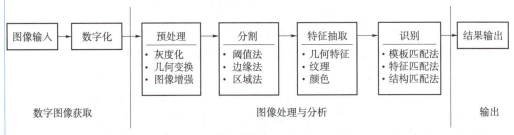

图 7-8　图像处理与分析过程及方法

数字图像又称数码图像或数位图像，是二维图像用有限数字像素的表示形式。数字图像是由模拟图像数字化得到的，它以像素为基本元素，利用数字计算机或数字电路存储和处理而得到，如图7-9所示。

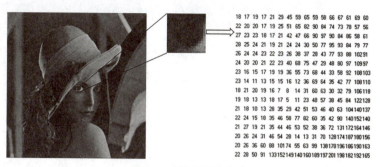

图7-9　数字图像表示

数字图像处理是指使用电子计算机对量化的数字图像进行处理，具体地说，就是通过对图像进行各种加工来改善图像的外观，是对图像的修改和增强。

一、图像的预处理

图像处理的输入是从传感器或其他来源获取的原始数字图像，输出是经过处理后的输出图像。处理的目的可能是使输出图像具有更好的效果，便于人的观察；也可能是为图像分析和识别做准备，此时的图像处理是作为一种预处理步骤，输出图像将进一步供其他图像分析、识别算法使用。

1. 灰度化

灰度是表示只含有亮度信息，不含彩色信息的图像。黑白照片就是灰度图像，特点是亮度由暗到明，变化是连续的。将彩色图像转化为灰度图像的过程称为图像灰度化。彩色图像中的像素值由 R（红色）、G（绿色）、B（蓝色）3个分量决定，每个分量都有0~255的选择范围。如果 $R=G=B$ 时，则彩色表示一种灰度颜色，其中 $R=G=B$ 的值叫灰度值，它的大小决定了像素的亮暗程度，因此，灰度图像每个像素只需一个字节存放灰度值（又称强度值、亮度值）。

对彩色图像进行处理时，我们往往需要对 R、G、B 三个通道依次进行处理，时间开销将会很大。因此，为了达到提高整个应用系统的处理速度，一般先将各种格式的图像转变成灰度图像，以降低计算量。

一般有分量法、最大值法、平均值法、加权平均法四种方法对彩色图像进行灰度化。

1）分量法

将彩色图像中的三分量的亮度作为三个灰度图像的灰度值，可根据应用需要选取一种灰度图像。

$$f_1(i,j)=R(i,j), f_2(i,j)=G(i,j), f_3(i,j)=B(i,j)$$

其中，$f_k(i,j)(k=1,2,3)$ 为转换后的灰度图像在 (i,j) 处的灰度值。

2）最大值法

将彩色图像中的三分量亮度的最大值作为灰度图的灰度值。

$$f(i,j)=\max(R(i,j),G(i,j),B(i,j))$$

3）平均值法

将彩色图像中的三分量亮度求平均得到一个灰度值。

$$f(i,j) = (R(i,j),G(i,j),B(i,j))/3$$

4）加权平均法

根据重要性及其他指标，将三个分量以不同的权值进行加权平均。由于人眼对绿色的敏感度最高，对蓝色敏感度最低，因此，按下式对 R、G、B 三分量进行加权平均能得到较合理的灰度图像。

$$f(i,j) = 0.30R(i,j) + 0.59G(i,j) + 0.11B(i,j)$$

2. 几何变换

图像几何变换又称为图像空间变换，是指用户获得或设计的原始图像按照需要产生大小、形状和位置的变化。它不改变图像的像素值，而是改变像素所在的几何位置。通过平移、转置、镜像、旋转、缩放等几何变换对采集的图像进行处理，用于改正图像采集系统的系统误差和仪器位置（成像角度、透视关系乃至镜头自身原因）的随机误差。此外，还需要使用灰度插值算法，因为按照这种变换关系进行计算，输出图像的像素可能被映射到输入图像的非整数坐标上。通常采用的方法有最近邻插值、双线性插值和双三次插值等。

3. 图像增强

由于噪声、光照等外界环境或设备本身的原因，图像在生成、获取与传输的过程中，往往会发生质量的降低，主要表现在 3 个方面。

（1）由于信号减弱引起图像对比度局部或者全部降低。

（2）由于噪声问题造成图像的干扰或破坏。

（3）由于成像软件条件的欠缺引起图像清晰度下降。

增强图像中的有用信息，它可以是一个失真的过程，其目的是要改善图像的视觉效果，针对给定图像的应用场合，有目的地强调图像的整体或局部特性，将原来不清晰的图像变得清晰或强调某些感兴趣的特征，扩大图像中不同物体特征之间的差别，抑制不感兴趣的特征，使之改善图像质量、丰富信息量，加强图像判读和识别效果，便于计算机更有效地对图像进行识别和分析。

图像锐化技术不考虑图像质量下降的原因，只将图像中的边界、轮廓有选择地突出，突出图像中的重要细节，改善视觉质量，提高图像的可视度，如果 7-10 所示。图像增强技术根据增强处理过程所在的空间不同，可分为基于空域的算法和基于频域的算法两大类。

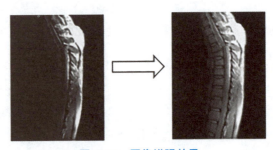

图 7-10　图像增强效果

二、图像的分割方法

图像分割是指根据灰度、彩色、空间纹理、几何形状等特征把图像划分成若干个互不相交的区域，使得这些特征在同一区域内表现出一致性或相似性，而在不同区域间表现出明显的不同。简单地说就是在一副图像中，把目标从背景中分离出来，如图7-11所示。

图 7-11　图像分割效果

关于图像分割技术，由于问题本身的重要性和困难性，从20世纪70年代起图像分割问题就吸引了很多研究人员为之付出了巨大的努力。虽然到目前为止，还不存在一个通用的完美的图像分割方法，但是对于图像分割的一般性规律则基本上已经达成共识，已经产生了相当多的研究成果和方法。现有的图像分割方法主要分为基于阈值的分割方法、基于边缘的分割方法、基于区域的分割方法以及基于特定理论的分割方法等，常用的是前三种。

1. 基于阈值的分割方法

灰度阈值分割法是一种最常用的并行区域技术，它是图像分割中应用数量最多的一类。阈值分割方法实际上是输入图像 f 到输出图像 g 的如下变换：

$$g(i,j) = \begin{cases} 1 & f(i,j) \geq T \\ 0 & f(i,j) < T \end{cases}$$

式中，T 为阈值；对于物体的图像元素，$g(i,j)=1$；对于背景的图像元素，$g(i,j)=0$，以此将图像从背景中分离出来。

由此可见，阈值分割算法的关键是确定阈值，如果能确定一个合适的阈值就可准确地将图像分割开来。阈值确定后，将阈值与图像中每个像素点的灰度值逐个进行比较，最后将像素根据比较结果分到合适的类别中。

阈值分割的优点是计算简单、运算效率较高、速度快。在重视运算效率的应用场合（如用于硬件实现），它得到了广泛应用。

图7-12所示为数字阈值分割效果。

2. 基于边缘的分割方法

图像分割的另一种重要途径是通过边缘检测，即

(a)

(b)

(c)

图 7-12　数字阈值分割效果

(a) 原始图像；

(b) 阈值低，对亮区效果好，则暗区差；

(c) 阈值高，对暗区效果好，则亮区差

检测灰度级或者结构具有突变的地方，表明一个区域的终结，也是另一个区域开始的地方。这种不连续性称为边缘。不同的图像，灰度不同，边界处一般有明显的边缘，利用此特征可以分割图像。

基于边缘的分割方法，其难点在于边缘检测时抗噪性和检测精度之间的矛盾。若提高检测精度，则噪声产生的伪边缘会导致不合理的轮廓；若提高抗噪性，则会产生轮廓漏检和位置偏差。因此，人们提出各种多尺度边缘检测方法，根据实际问题设计多尺度边缘信息的结合方案，以较好地兼顾抗噪性和检测精度。图像边缘分割的效果，如图7-13所示。

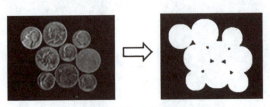

图7-13　图像边缘分割效果

3. 基于区域的分割方法

区域分割的基本思想是将具有相似性质的像素集合起来构成区域。基于区域的分割方法主要有区域生长、区域分离聚合、分水岭法等。

区域生长指的是根据同一区域内像素具有一些相似的性质（灰度值、纹路、颜色）来聚集像素点的一种方法。具体是先对每个需要分割的区域找一个种子像素作为生长的起点，然后将种子像素周围邻域中与种子像素有相同或相似性质的像素（根据某种事先确定的生长或相似准则来判定）合并到种子像素所在的区域中。将这些新像素当作新的种子像素继续进行上面的过程，直到再没有满足条件的像素可被括进来，这样一个区域就生长完成，如图7-14所示。该方法的关键是选择合适的初始种子像素以及合理的生长准则。

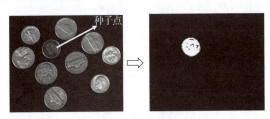

图7-14　区域生长结果

三、图像的特征抽取

众所周知，计算机不认识图像，只认识数字。为了使计算机能够"理解"图像，需要从图像中提取有用的数据或信息，从而具有真正意义上的"视觉"，得到图像的"非图像"的表示或描述，如数值、向量和符号等。这一过程就是特征提取，而提取出来的这些"非图像"的表示或描述就是特征，这些特性包含了颜色、纹理、几何特征等。

颜色特征是人类认识世界的最基本视觉特征。颜色特征具有较好的稳定性，不易因大小或方向等的变化而变化，具有较高的稳健性。

纹理也是识别物体的一个重要特征。纹理在图像中表现为不同的亮度和颜色。纹理很直观，但由于对纹理的认识和考察角度不同，纹理并没有一个准确的定义，从而也导致对于纹理特征提取的方法有很多种。

形状的描述对于物体的识别起着不可忽视的影响作用。研究表明，形状是视觉感知最重要的一个特征，人们识别一个物体首先想到的是它的形状。因此，对于机器人视觉系统来说，测量图像区域中的各种几何形状对于识别该区域所代表的物体，决定它们的位置和方向是非常重要的。

几何特征描述示意图如图 7-15 所示，下面介绍几种常用的几何特征。

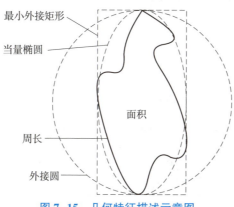

图 7-15　几何特征描述示意图

1. 面积（A_i）

对一个图像区域 R_i，其面积是 R_i 中的像素点数，即

$$A_i = \sum_x \sum_y f(x,y), (x,y) \in R_i \tag{7-1}$$

顺序扫描方式能够周密地计算面积 A_i。

2. 周长（L）

一般认为周长 L 为区域 R 的边界点数，即

$$L = \sum_{i=1}^{Q} l_{i\_dot} \tag{7-2}$$

式中，Q 为边界上的像素点数；l_{i_dot} 为边界点亮度。

3. 最小外接矩形（MER）

求物体坐标系方向上的外接矩形，只需计算物体边界点的最大和最小坐标值，就可以得到物体的水平和垂直跨度。但是，对任意朝向的物体，水平和垂直并非是有意义的方向。这时，就有必要确定物体的主轴，然后计算反映物体形状特征的主轴方向上的长度和与之垂直方向上的宽度，这样的外接矩形是物体的最小外接矩形（Minimun Enclosing Rectangle，MER）。区域内任意点（x，y）满足：$x_{min} \leqslant x \leqslant x_{max}$，$y_{min} \leqslant y \leqslant y_{max}$。

4. 宽长比（r）

$$r = \frac{W_{MER}}{L_{MER}} \tag{7-3}$$

式中，W_{MER} 为最小外接矩形的宽度，L_{MER} 为最小外接矩形的长度。

5. 伸长率

伸长率是指物体面积与当量椭圆的面积之比，其中当量椭圆的长短轴是指物体最小外接矩形的长和宽。

6. 圆满度

圆满度是指物体面积与外接圆面积之比，其中外接圆半径为最小外接矩形的长。

7. 矩形度（R）

矩形度反映物体对其外接矩形的充满程度，用物体的面积与其最小外接矩形的面积之比来描述，即

$$R = \frac{A_0}{A_{\mathrm{MER}}} \tag{7-4}$$

式中，A_0 是该物体的面积，A_{MER} 是最小外接矩形的面积。

8. 致密度

度量圆形度最常用的是致密度，即周长 L 的二次方与面积 A 之比。

$$C = \frac{L^2}{A} \tag{7-5}$$

四、图像的识别

数字图像识别主要是研究图像中各目标的性质和相互关系，识别出目标对象的类别，从而理解图像的含义。根据识别对象的复杂程度不同，可采用不同的识别方法，其计算方法可能有很大的区别。

图像的识别方法有模板匹配法、特征匹配法和结构匹配法，本任务重点介绍模板匹配法。

1. 模板匹配法

模板匹配法的基本原理可表述为：提供一个物体的参考图像（模板图像）和待检测图像（输入图像），按照一定的度量准则，在像素精度上计算模板图像与待检测图像的相似程度，根据相似程度确定待检测图像中是否存在与模板相匹配的区域，并且找到它们的位置。根据实际需要，有时还需要识别出可能存在的模板旋转或缩放情况。模板匹配法主要有基于灰度值的模板匹配方法和基于边缘的模板匹配方法。

基于灰度值的模板匹配方法的基本思想是通过某种度量准则计算物体参考图像（模板图像）与待检测图像之间在灰度值信息上的相似度，并根据相似度判断待检测图像上是否存在目标物体，如图 7-16 所示。

这种匹配方法的原理并不复杂且计算量相对较小，在良好的光照条件下可以得到理想的匹配结果。但由于匹配时采用的是图像灰度值信息，因此光照条件会影响最终的匹配结果，且对目标遮挡与信息缺失等情况处理不好，通过匹配可以得出目标物体在图像中的位置坐标信息与匹配的相似程度。

2. 特征匹配法

特征匹配法最基本的问题在于特征的表征，以英文字母"L"为例，识别的依据是两条直线、一个直角。这种特征描述对于字符和基本几何图形识别起来很容易，但

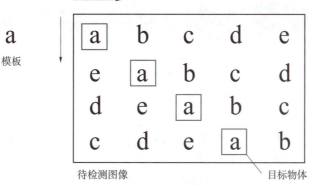

图 7-16 模板匹配法

在复杂图中，不仅要考虑特征的表征，还要考虑特征之间的关系，而特征之间的关系是一个非常复杂的问题，它们之间可能有重叠，也可能有干扰，这种关系的复杂性会给视觉识别带来很大影响。

3. 结构匹配法

结构匹配法是一种结构化的模式，图像识别时将图像划分成几个部分进行处理，一种描述方法对应一类物体，次级模式通常存在于其他模式或与其他模式的联系中，此种模式与特征分析模式相反，是一种自上而下的处理过程。这种模式可以将最重要的信息提取出来，并且可以用于进一步推理，是一个比较适合实际应用的模式。

任务四　机器人视觉的应用及发展趋势

任务引入

近年以来，随着工业机器人的飞速发展，促进了机器视觉市场需求的大幅度上升。机器视觉在工业机器人的发展过程中起到了至关重要的作用，并且这两者的融合程度也越来越高。这一趋势的主要原因之一是相机在恶劣的工业环境中变得比以往任何时候都更加地坚固耐用。图7-17为应用视觉技术识别追踪小车。

图7-17　应用视觉识别追踪小车

任务目标

知识目标	能力目标	素质目标
熟悉视觉技术的应用领域	（1）能够阐述视觉技术的应用范围； （2）能够阐述视觉技术未来的发展趋势	培养学生对机器人视觉技术的探究兴趣

知识链接

一、机器人视觉在工业机器人中的应用

机器视觉相当于给工业机器人安上了一双可以感知外界的眼睛，这在高度自动化的大批量生产中尤为重要。当工业机器人拥有观察事情能力的时候，才可以更好地对事情进行判断，从而做到智能化地自行处理各种问题。机器视觉有专门的处理系统和运算系统，以及模拟生物视觉成像技术和处理信息方式，使得工业机器人的操作更加灵活，同时识别、对比、处理场景以及生成操作指令，从而一步到位地完成动作。机

器视觉的具体应用如下。

（1）条码识别：这种应用主要通过机器视觉来对图像进行处理、分析以及理解，以便识别多种不同模式的目标。如二维码的识别，二维码是我们平时经常可以看到的条形码中比较普遍的一种。二维码中储存了大量的数据信息，工业机器人便可以通过机器视觉系统来对各种产品表面的条码进行识别读取，以达到对产品的跟踪管理。

（2）定位物体：视觉定位是机器视觉工业领域中比较基本的应用，为了实现自动化生产线的检测以及工业机器人引导的抓取和放置，视觉定位在机器视觉系统中起到了十分重要的作用。如上下料机器人，上下料时便可以通过机器视觉系统来进行定位，以引导手臂、手爪进行准确的抓取和放置。

（3）检测外观：检测外观是机器视觉工业领域中比较重要的应用之一，工业机器人可以通过机器视觉系统来检测产品外的缺陷、污染物以及其他异常情况，还可以通过机器视觉系统来检测食品和制药行业产品中的瓶盖、瓶身以及瓶肩部等，以确保食品和制药行业在大批量生产时产品和包装之间的匹配。

（4）测量物体：利用机器视觉的测量技术可以自动测量出物体的外观尺寸，如物体的表面积、体积、长度以及宽度等，并确定测量得是否准确。工业机器人通过机器视觉系统可以识别物体，并从图像中计算出物体的几何尺寸，如发动机缸孔的内径。

随着视觉传感技术、计算机技术和图像处理技术的快速发展，机器人视觉技术发展成熟，已成为现代加工制造业不可或缺的核心技术，广泛应用于食品、制药、化工、建材、电子制造、包装以及汽车制造等各种行业，对提升传统制造装备的生产竞争力与企业现代化生产管理水平发挥着越来越重要的作用。

二、机器人视觉的发展趋势

（1）初级视觉检测系统理论。主要研究光学成像中的光反射问题，是利用二维光强阵列恢复可见面的三维物理特性的一系列加工过程。因为各过程的输入数据和计算目的都是能够明确描述的，包括边缘检测、立体匹配、恢复结构等方法等。但三维物体投影到二维图像上会丢失大量的三维信息，引起病态问题，因此加强对初级视觉过程及其约束条件的研究显得尤为重要。

（2）主动视觉理论。主动视觉是指观察者以确定或不确定的方式运动，是一种跟踪目标、感知物体的技术方法。在视觉检测系统中，观察者和目标物体也可以同时移动，观察者的运动为研究目标的形状、距离和运动提供了附加条件，重要的研究方向是观察者对目标物体的跟踪、截获等。

（3）视觉信息集成。通过融合多种视觉信息，可以突破单一视觉信息获取的局限性。在理想环境下利用静态和瞬间的视觉信息获取，无法达到认识复杂客观世界的需求。如果能将机器人视觉、嗅觉、听觉、触觉等有机地结合起来，机器人则具备高度的智能化，能从事更加复杂的工作。

（4）立体场景重建。现有的三维场景复原理论和算法仅限于视觉场景，是 2.5 维信息表示，仅提供物体可视轮廓内的三维信息。场景可见部分和不可见部分完整信息的恢复是一个复杂而亟待解决的理论课题。

（5）计算算法的性能。视觉检测系统的研究关注的是任务能否完成，缺乏量化和评价算法及系统方法的性能质量。实践中，效率和性能是关键，否则算法和系统无法走出实验室，因此机器视觉算法的性能评价是关键。

任务五　　机器人视觉系统实例

任务引入

随着计算机视觉技术及视觉传感器技术的发展，视觉控制技术已成为机器人焊接方面的热门技术。特别是在汽车制造业中，焊接机器人更是不可缺少的重要生产工具。如图7-18所示为焊缝跟踪机器人。

你知道焊接机器人如何进行焊缝追踪吗？

图7-18　焊缝跟踪机器人

任务目标

知识目标	能力目标	素质目标
熟悉焊缝跟踪机器人的工作原理	能够阐述焊缝跟踪系统的组成及工作原理	培养学生对焊缝跟踪机器人的探究兴趣

知识链接

在焊接机器人焊接过程中，用视觉传感器采集原始图像，由计算机进行图像处理，分析提取所需信息，实时监控目标对象，按照一定的准则做出决策，调整焊接参数和焊接轨迹，实现对焊接过程控制和焊缝轨迹跟踪。视觉传感器不与工件直接接触，动态性能好，获取信息丰富。基于以上优点，视觉传感器在焊接领域有着非常广泛的应用，比如：焊缝的识别、初始焊位导引、焊缝跟踪、焊接熔池控制等。

焊缝跟踪的实质就是使焊接电弧对准接缝位置，从而保证焊接接头成型和焊接质量。整个焊缝自动跟踪控制系统主要有控制系统部分、执行机构部分和传感系统部分。其中，传感系统是实现自动跟踪的关键。传感系统的主要作用是实时检测焊缝的位置，将位置信息发送给控制系统；控制系统根据传感器发送的信息实时调整焊枪的相对位置，使偏离减小，直到消失，以保证焊枪实时跟踪焊缝，从而实现后续焊接机器人对焊缝的自动跟踪工作，如图7-19所示。

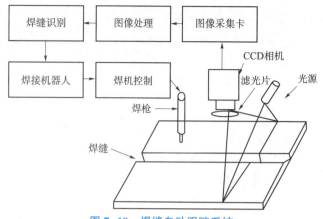

图 7-19　焊缝自动跟踪系统

因此，研究一套结构简单、工作可靠、灵敏度高的焊缝传感器至关重要。CCD 图像传感器是目前机器视觉系统最为常用的图像传感器，它是一种半导体器件，它的作用是把光学图像信息转变化数字信息。在焊接机器人焊接过程中，CCD 相机作为焊接机器人的"眼睛"，它的作用与人眼类似，主要是采集焊缝图像信息，因此是主动视觉模块核心构件。CCD 相机采集到的图像清晰程度直接决定了后续图像处理效率和效果。

焊接机器人在焊接时，会产生较多高亮度弧光，采集的焊缝图像会受到弧光干扰，造成焊缝不完整，所以需要增加额外的光源来帮助 CCD 相机更好地采集焊缝图像。机器视觉常采用一些特殊的照明光源，如卤钨灯、激光二极管等。卤钨灯具有发光效率高、体积小、功率大、寿命长的优点，且成本较低，常用在水下焊接的视觉传感焊缝跟踪系统中。而激光二极管的单色性、方向性和相干性最好，是常采用的外加辅助。

滤光片一般是在玻璃片中加入某些特定颜色构成的，它的作用主要是使 CCD 相机镜头滤掉一些不需要波段的光，只通过所需波段光，由此有效地去除一些噪声干扰波段，其中主要是滤除弧光和自然光。

焊接作为一门工艺，在工业生产中应用非常广泛；同时，它也是工业生产中一个十分重要的环节。传统焊接工作主要依靠人工完成，由于受焊接工人技术水平制约，导致焊接存在质量不稳定、焊接精度低等问题；相比人工焊接，机器人焊接更加安全可靠。另外，机器人本身不受工作时长限制，因而效率更高，因此工厂焊接自动化、智能化是焊接工艺发展的必然趋势。

项目工单（七）

组名：　　　　组员：　　　　学号：　　　　组内评价：　　　　成绩：
任务描述：（1）对 ABB 工业机器人实训平台中视觉系统的组成部分进行介绍，描述其工作原理。 　　　　　（2）应用智能相机采集工件图片，并对图片进行处理。 任务目的：（1）掌握视觉系统的组成和工作原理。 　　　　　（2）掌握图像获取及视觉处理的方法。
任务实施： （1）组织学生在工业机器人实训室中针对机器人视觉系统，指认出视觉系统的组成部分。 （2）画出视觉系统的数据流程图，阐述其工作过程。

检查与评估

反馈信息描述	产生问题的原因	解决问题的方法	评估结果

能力提高：

（1）能够独立完成相机软件的调试。

（2）简述目前国内外知名的机器人视觉应用品牌，并阐述国内外差距。

（3）简述未来机器人视觉技术的技术壁垒。

指导教师评语：

任务完成人签字：　　　　　　　　　　　日期：　　　年　　月　　日

习题

　　1. 机器视觉系统是指通过_____将被摄取目标转换成_____传输给专用的图像处理系统。

　　2. 一般的机器视觉系统直接应用_____理论来描述摄像机成像系统的几何投影模型。

　　3. 机器视觉工作过程通常包括_____、_____、_____三个部分。

　　4. 图像的识别方法有_____、_____和_____。

　　5. 简述机器人视觉系统的组成部分。

　　6. 简述视觉系统成像的原理。

　　7. 描述图像处理的步骤及各步骤的方法。

　　8. 图像的分割方法有哪几种？

　　9. 简述机器人视觉在工业机器人领域的应用。

项目八　机器人应用实例

历史上出现的第一台工业机器人，主要被用于通用汽车的材料处理工作。随着机器人技术的不断进步与发展，它们可以做的工作也变得多样化起来，机器视觉技术的引入更加使得工业机器人朝着更加智能化和柔性化的方向发展。视觉检验，视觉引导下的喷涂、码垛、搬运、包装、焊接、装配、移动机器人视觉导航等，这么多应用方式，在不同的行业中有着不同类型的应用。如图8-1所示为AGV智能搬运机器人。

图8-1　AGV智能搬运机器人

 项目目标

知识目标	能力目标	素质目标
（1）掌握工业机器人编程方式的分类及其优缺点； （2）掌握工业机器人基本运动指令及编程操作； （3）掌握码垛机器人的特点、系统组成； （4）掌握智能视觉系统的组成、编程与调试方式	（1）能够编写及调试码垛机器人程序； （2）能够对智能相机进行配置及组态； （3）能够编写及调试智能视觉系统程序	（1）通过课程的学习使学生增长见识，激发兴趣； （2）培养学生遵守行业规范、细致操作的敬业精神

任务一 　**工业机器人编程基础**

 任务引入

工业机器人是一个可编程的机械装置，其功能的灵活性和智能性取决于编程者对机器人的编程能力。如图 8-2 所示为一个正在写字的机械手臂。

你能操作机器人写出自己的名字吗？

图 8-2　写字的机械手臂

 任务目标

知识目标	能力目标	素质目标
（1）掌握工业机器人编程方式的分类及其优缺点； （2）掌握工业机器人基本运动指令及编程操作	（1）能够理解编程方式的分类及优缺点； （2）能够简单应用 RobotStudio 软件； （3）能够操作 ABB 七轴机器人编写简单运动指令	通过课程的学习使学生增长见识，激发兴趣

知识链接

一、编程方式的分类

工业机器人编程方式主要有示教再现编程阶段、离线编程阶段两种。

"示教"就是机器人学习的过程，机器人代替人进行作业的过程中必须预先对机器人发出指示，操作者要手把手教会机器人做某些动作，规定机器人应该完成的动作和作业的具体内容，同时机器人控制装置会自动将这些指令存储下来，这个过程就称为对机器人的"示教"。机器人按照示教时记忆下来的程序展现这些动作，就是"再现"过程。"再现"则是通过存储内容的回放，使机器人在一定精度范围内按照程序展现示教的动作和作业内容。

离线编程程序通过支持软件的解释或编译产生目标程序代码，生成机器人路径规划数据并传送到机器人控制柜，以控制机器人运动，完成给定任务。一些离线编程系统带有仿真功能，通过对编程结果进行三维图形动画仿真，可以检验编程的正确性，解决编程时的障碍干涉和路径优化问题。

随着机器人应用范围的扩大、任务复杂程度的增加，示教再现编程已很难满足要求。因此离线编程得到了越来越多的应用。表 8-1 为两种编程方式的比较。

表 8-1 示教再现编程和离线编程的比较

示教再现编程	离线编程
需要实际机器人系统和工作环境	需要机器人系统和工作环境的三维模型
编程时机器人停止生产工作	编程不影响机器人系统的正常工作
在实际系统中检验程序	通过模拟仿真检验程序
编程质量取决于编程者的经验	用 CAD 办法进行最佳轨迹规划
很难实现复杂的机器人运动轨迹	可以实现复杂的机器人运动轨迹

离线编程系统与示教再现编程相比，具有下述优点：

（1）可减少机器人非工作时间，当对下一个任务进行编程时，机器人仍可在线工作。

（2）使编程者远离危险的工作环境。

（3）适用范围广，可以对各种机器人进行编程。

（4）便于和 CAD、CAM 系统结合，做到 CAD、CAM 和机器人一体化。

（5）可使用高级计算机编程语言对复杂任务进行编程。

（6）便于修改机器人程序。

离线编程软件类型很多，比如 ABB 公司配套的离线仿真软件 RobotStudio，是机器人厂商中软件做得最好的一款。RobotStudio 支持机器人的整个生命周期，使用图形化编程、编辑和调试机器人系统来创建机器人的运行，并模拟优化现有的机器人程序。其特点在于仿真方面，根据几何模型自动生成轨迹的能力差，而且只支持 ABB 自家机器人。图 8-3 所示为 RobotStudio 软件界面。

二、编程的语言及常见指令

机器人语言是由一系列指令组成的，与计算机语言类似，机器人语言可以编译，即把机器人源程序转换成机器码或可供机器人控制器执行的目标代码，以便机器人控制器能直接读取和执行。一般机器人公司都会开发自己的语言平台，比如 ABB 公司开发的 RAPID 语言，RAPID 语言类似于高级编程语言，与 VB 和 C 语言结构相近。RAPID 程序的基本框架包含应用程序和系统模块两部分，如图 8-4 所示。存储器中只允许存在一个主程序，所有例行程序（子程序）与数据无论存在什么位置，全部被系统共享。因此，所有例行程序与数据除特殊规定以外，名称不能重复。

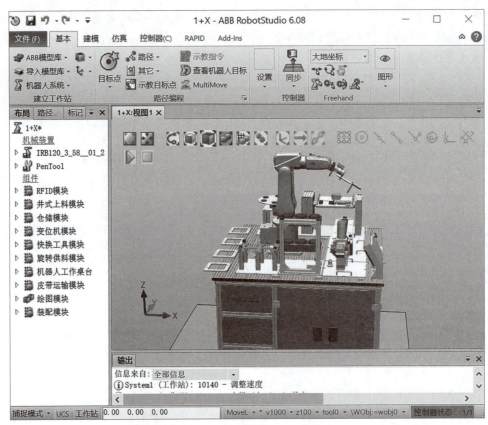

图 8-3　RobotStudio 软件界面

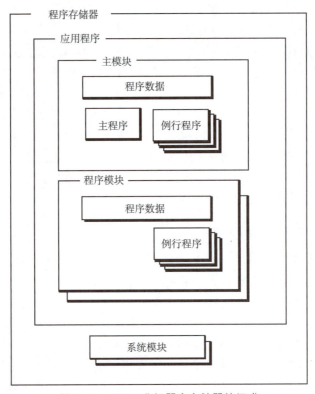

图 8-4　ABB 工业机器人存储器的组成

1. 应用程序的组成

应用程序由主模块和程序模块组成。主模块包含主程序、程序数据和例行程序；程序模块包含程序数据和例行程序。

2. 系统模块的组成

系统模块包含系统数据和例行程序。所有 ABB 机器人都自带两个系统模块，即 USER 模块和 BASE 模块。使用时对系统自动生成的任何模块不能进行修改。

3. 程序的新建与加载

一个程序的新建与加载步骤如下：

（1）在主菜单下，选择"程序编辑器"。

（2）选择"任务与程序"，单击相应文件。

（3）若创建新程序，则选择"新建程序"选项，然后打开软件盘对程序进行命名；若编辑已有程序，则选择"加载程序"选项，显示文件搜索工具，如图 8-5 所示。

（4）在搜索结果中选择需要的程序，然后按"确定"按钮，则程序被加载。为了给新程序腾出空间，可以删除先前加载的程序。

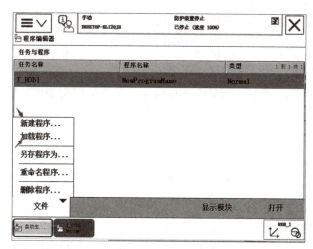

图 8-5　程序的新建与加载

4. 程序的运行

运行刚才打开的程序，先用手动低速，单步执行，再连续执行。运行时是从程序指针指向的程序语句开始的，如图 8-6 所示。图 8-6 中左侧箭头指示即为程序指针。

程序的运行步骤如下：

（1）将机器人切换至手动模式。

（2）按住示教器上的使能键。

（3）按"单步向前"或"单步向后"按钮，单步执行程序。执行完一句即停止。

自动运行程序的步骤如下：

（1）插入钥匙，将运行模式切换到自动模式，示教器上将显示状态切换对话框。

（2）按"确定"按钮，关闭对话框，示教器上将显示生产窗口。

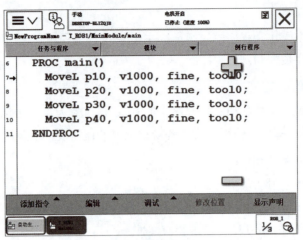

图 8-6　程序的运行

（3）按住示教器上的使能键激活电机。

（4）按连续运行键开始执行程序。

（5）按停止键停止程序。

（6）插入钥匙，运行模式返回手动状态。

5. 动作指令

机器人基本指令包含：基本运动指令、I/O 控制指令、程序流程控制指令、停止指令、赋值指令、等待指令、无条件转移指令、条件转移指令、位置补偿指令、坐标系指令、FOR/ENDFOR 指令等。

1）基本运动指令

ABB 机器人基本运动指令分为 4 种，分别为关节运动指令 MoveJ、直线运动指令 MoveL、圆弧运动指令 MoveC 和绝对位置运动指令 MoveAbsJ。

（1）关节运动指令。

关节运动指令可使机器人以最快捷的方式到达目标点，其运动状态不完全可控，但运动路径保持唯一。MoveJ 指令常用于机器人在空间中的大范围移动。关节运动路径如图 8-7 所示；MoveJ 指令示例，如图 8-8 所示。

MoveJ p10, v1000, z50, tool0\WObj:=wobj0;

图 8-7　关节运动路径　　　　　图 8-8　MoveJ 指令示例

MoveJ 指令示例各部分的含义如表 8-2 所示。

表 8-2　MoveJ 指令示例各部分的含义

序号	参数	说明
1	MoveJ	指令名称：关节运动
2	p10	位置点：数据类型为 robtarget，是机器人和外部轴的目标点
3	v1000	速度：数据类型为 speeddata，适用于运动的速度数据。速度数据规定了关于工具中心点、工具方位调整和外轴的速率
4	z50	转弯半径：数据类型为 zonedata，是相关移动的转弯半径。转弯半径描述了所生成拐角路径的大小
5	too10	工具坐标系：数据类型为 tooldata，是移动机械臂时正在使用的工具。工具中心点是指移动至指定目标点的点
6	wobj0	工件坐标系：数据类型为 wobjdata，是指令中机器人位置关联的工件坐标系。该参数可省略

（2）直线运动指令。

直线运动指令可使机器人以线性移动方式运动至目标点，当前点与目标点两点决定一条直线，机器人运动状态可控制，运动路径唯一，但可能出现死点。

MoveL 指令常用于机器人工作状态的移动。直线运动路径如图 8-9 所示；MoveL指令示例，如图 8-10 所示。

终点

起点

图 8-9　直线运动路径

MoveL p20, v1000, z50, tool0\WObj:=wobj0;

图 8-10　MoveL 指令示例

MoveL 指令示例各部分含义如表 8-3 所示。

表 8-3　MoveL 指令示例各部分含义

序号	参数	说明
1	MoveL	指令名称：直线运动
2	p20	位置点：数据类型为 robtarget，是机器人和外部轴的目标点
3	v1000	速度：数据类型为 speeddata，适用于运动的速度数据。速度数据规定了关于工具中心点、工具方位调整和外轴的速率
4	z50	转弯半径：数据类型为 zonedata，是相关移动的转弯半径。转弯半径描述了所生成拐角路径的大小
5	too10	工具坐标系：数据类型为 tooldata，是移动机械臂时正在使用的工具。工具中心点是指移动至指定目标点的点
6	wobj0	工件坐标系：数据类型为 wobjdata，是指令中机器人位置关联的工件坐标系。省略该参数，则位置坐标以机器人基座坐标为准

（3）圆弧运动指令。

圆弧运动指令可使工业机器人通过中间点以圆弧移动方式运动至目标位置，起点、中间点与终点共同决定一段圆弧，工业机器人运动状态可控制，运动路径保持唯一。

MoveC 指令常用于工业机器人工作状态的移动。圆弧运动路径如图 8-11 所示；MoveC 指令示例，如图 8-12 所示。

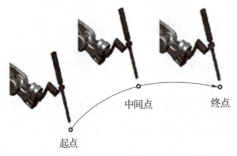

图 8-11　圆弧运动路径

`MoveC p30, p40, v1000, z10, tool0\WObj:=wobj0;`

图 8-12　MoveC 指令示例

MoveC 指令示例各部分含义如表 8-4 所示。

表 8-4　MoveC 指令示例各部分含义

序号	参数	说明
1	MoveC	指令名称：圆弧运动
2	p30	过渡点：数据类型为 robtarget，是机器人和外部轴的目标点
3	p40	终止点：数据类型为 robtarget，是机器人和外部轴的目标点
4	v1000	速度：数据类型为 speeddata，适用于运动的速度数据。速度数据规定了关于工具中心点、工具方位调整和外轴的速率
5	z10	转弯半径：数据类型为 zonedata，是相关移动的转弯半径。转弯半径描述了所生成拐角路径的大小
6	tool0	工具坐标系：数据类型为 tooldata，是移动机械臂时正在使用的工具。工具中心点是指移动至指定目标点的点
7	wobj0	工件坐标系：数据类型为 wobjdata，是指令中机器人位置关联的工件坐标系。省略该参数，则位置坐标以机器人基座坐标为准

（4）绝对位置运动指令。

绝对位置运动指令可使工业机器人以单轴运动的方式运动至目标位置，不存在死点，运动状态完全不可控制，避免在正常生产中使用此命令。指令中 TCP 与 wobj 只与运动速度有关，与运动位置无关。MoveAbsJ 指令常用于检查工业机器人的零点位置，其指令示例如图 8-13 所示。

`MoveAbsJ jpos10, v1000, z50, tool0;`

图 8-13　MoveAbsJ 指令示例

2）I/O 控制指令

"Do"指机器人输出信号，"Di"指机器人输入信号；"Set"用于数字输出设置，

"1"为接通，"0"为断开；"Reset"是复位输出指令。

  3）程序流程控制指令

  "IF"是判断执行指令，"WHILE"是循环执行指令。

  4）停止指令

  "STOP"是软停止指令，机器人停止运行，直接运行下一句。"EXIT"是硬停止指令，机器人停止运行，复位。

  5）赋值指令

  Date：= Value；

  6）等待指令

  WaitTime Time；

任务二　码垛机器人编程与调试

任务引入

　　码垛是生产制造业必不可少的环节，在包装物流运输行业中尤为广泛。码垛机器人在物流生产线末端取代人工或码垛机完成工件的自动码垛，主要适用于大批量、重复性强或工作环境具有高温、粉尘等条件恶劣的情况，具有定位精确、码垛质量稳定、工作节拍可调、运行平稳可靠、维修方便等特点。如图 8-14 所示为码垛机器人。

图 8-14　码垛机器人

任务目标

知识目标	能力目标	素质目标
（1）掌握码垛机器人的特点及系统组成； （2）掌握码垛程序的编程与调试方式	能够编写及调试码垛机器人程序	培养学生遵守行业规范、细致操作的敬业精神

知识链接

　　常见关节式码垛机器人本体多为四轴，也有五、六轴码垛机器人，但在实际包装码垛物流线中五、六轴码垛机器人相对较少。码垛主要在物流线末端进行，码垛机器人安装在底座（或固定座）上，其位置的高低由生产线高度、托盘高度及码垛层数共同决定，多数情况下，码垛精度的要求没有机床上下料搬运精度高，为节约成本、减少投入资金、提高效益，四轴码垛机器人足以满足日常码垛要求。

　　现以图 8-15 所示的工件码垛为例，选择关节式四轴码垛机器人进行码垛任务示教。以 A 垛 Ⅰ 位置码垛为例，阐述码垛任务编程，A 垛的 Ⅱ、Ⅲ、Ⅳ、Ⅴ 位置可按照

Ⅰ位置类似操作。此程序由编号 1~8 的 8 个程序点组成，每个程序点的用途说明见表 8-5。

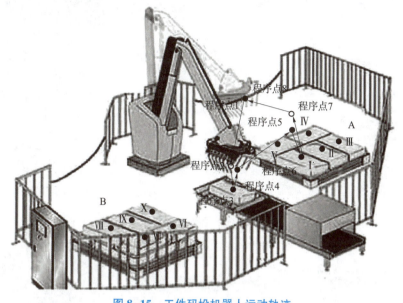

图 8-15　工件码垛机器人运动轨迹

表 8-5　程序点用途说明

程序点	说明	手爪动作	程序点	说明	手爪动作
程序点 1	机器人原点	—	程序点 5	码垛中间点	夹持
程序点 2	码垛临近点	—	程序点 6	码垛作业点	放置
程序点 3	码垛作业点	夹持	程序点 7	码垛规避点	—
程序点 4	码垛中间点	夹持	程序点 8	机器人原点	—

1. 示教前的准备

工业机器人示教前对系统的准备工作包括：接通机器人主电源→等待系统完成初始化后→打开急停键→选择示教模式并设置合适的坐标系与手动操作速度→准备工作做好后→建一个程序→录入程序点并插入机器人指令进行示教。

（1）设置坐标系。工业机器人常见的坐标系有基坐标系、关节坐标系、工具坐标系和工件坐标系。根据作业对象，通过变换这四种坐标系，以使机器人以最佳的位置和姿态实施作业。

（2）进入手动操作界面，如图 8-16 所示。摇杆的操作幅度越大，机器人的动作速度越快。初次示教时，示教速度应尽可能低一些，速度太高有可能带来危险。

2. 新建示教程序

示教程序是用机器人语言描述机器人工作单元的作业内容，是由一系列示教数据和机器人指令所组成的语句。在主菜单下，选择"程序编辑器"，选择"任务与程序"，单击相关文件，再单击"新建"按钮，创建一个空白程序，新建程序后的示教窗口如图 8-17 所示。

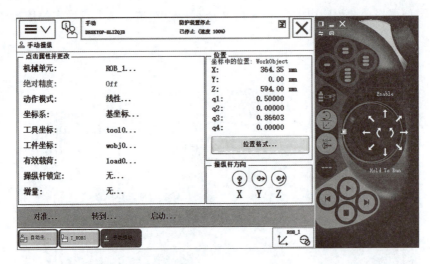

图 8-16　手动操作界面

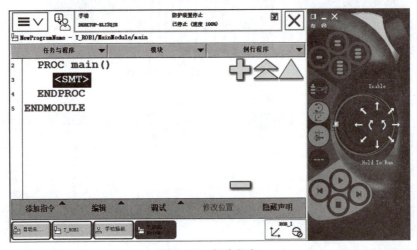

图 8-17　新建程序

3. 程序点的输入

在手动模式下，手动操作移动关节式码垛机器人，按图 8-15 所示的轨迹设定程序点 1 至程序点 8（程序点 1 和程序点 8 设置在同一点可提高作业效率），此外程序点 1 至程序点 8 需处于与工件、夹具互不干涉位置，具体示教方法可参照表 8-6。

表 8-6　码垛机器人任务示教

程序点	示教方法
程序点 1 （机器人原点）	（1）手动操作机器人，移动机器人到码垛原点； （2）动作类型选择"MoveJ"； （3）确认并保存程序点 1 为码垛机器人原点
程序点 2 （码垛临近点）	（1）手动操作码垛机器人到码垛作业临近点，并调整手爪姿态； （2）动作类型选择"MoveJ"； （3）确认并保存程序点 2 为码垛机器人作业临近点

程序点	示教方法
程序点 3 （码垛作业点）	（1）手动操作码垛机器人移动到码垛起始点且保持手爪位姿不变； （2）动作类型选择"MoveL"； （3）再次确认程序点，保证其为作业起始点； （4）若有需要可直接输入码垛作业命令
程序点 4 （码垛中间点）	（1）手动操作码垛机器人到码垛中间点，并适度调整手爪姿态； （2）动作类型选择"MoveL"； （3）确认并保存程序点 4 为码垛机器人作业中间点
程序点 5 （码垛中间点）	（1）手动操作码垛机器人到码垛中间点，并适度调整手爪姿态； （2）动作类型选择"MoveJ"； （3）确认并保存程序点 5 为码垛机器人作业中间点
程序点 6 （码垛作业点）	（1）手动操作码垛机器人移动到码垛终止点且调整手爪位姿以适合安放工件； （2）动作类型选择"MoveL"； （3）再次确认程序点，保证其为作业终止点； （4）若有需要可直接输入码垛作业命令
程序点 7 （码垛规避点）	（1）手动操作码垛机器人到码垛作业规避点； （2）动作类型选择"MoveL"； （3）确认并保存程序点 7 为码垛机器人作业规避点
程序点 8 （机器人原点）	（1）手动操作码垛机器人到机器人原点； （2）动作类型选择"MoveJ"； （3）确认并保存程序点 8 为码垛机器人原点

4. 设定作业条件

码垛机器人的作业程序简单易懂，本例中码垛工艺条件的输入主要是垛型参数。其设定主要为 TCP 设定、物料重心设定、托盘坐标系设定、末端执行器姿态设定、物料重量设定、码垛层数设定、计时指令设定等。

5. 程序调试

在完成整个示教过程后，进入程序运行界面，对该过程进行"再现"测试，以便检查各程序点及其参数设定是否正确。一般机器人常采用的"再现"方式有单步运行和连续运行两种。

（1）单步运行。如图 8-18 所示，单击"调试"按钮，选择"PP 移至 Main"选项，左手按下电动机使能键，右手按下"单步运行"按钮。系统执行完一行（光标所在行）程序后停止。

（2）连续运行。若为连续运行，则系统会连续运行完整的程序。

6. 执行作业程序

程序经检查无误后，如需执行作业程序，可参照任务一中自动运行程序的步骤，以自动模式运行。

对码垛机器人编程时运动轨迹上的关键点坐标位置可通过示教或坐标赋值的方式进行设定，在实际生产中若托盘相对较大，可采用示教方式寻找关键点，以此可节省大量时间；若产品尺寸与托盘码垛尺寸较合理，可采用坐标赋值方式获取关键点。为方便直观展现，如图 8-19 所示，A 垛展示第一层码垛情况，B 垛展示第二层码垛情

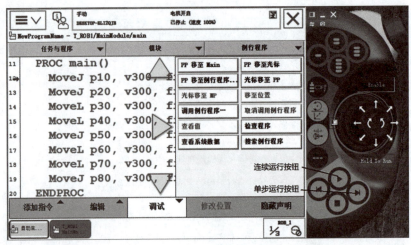

图 8-18　程序调试界面

况，码垛每层之间的排布都不相同。假如 A 垛排布如图 8-19 所示，产品外观尺寸为 1 500 mm×1 000 mm×40 mm，托盘尺寸为 3 000 mm×2 500 mm×20 mm，则由几何关系可得 Ⅰ、Ⅱ、Ⅲ、Ⅳ、Ⅴ在托盘上表面的坐标依次为（750，500，0）、（750，1 500，0）、（750，2 500，0）、（2 000，2 250，0）、（2 000，750，0），据此可建立相应坐标系找出图 8-20 所示 B 垛程序点Ⅵ、Ⅶ、Ⅷ、Ⅸ、Ⅹ。

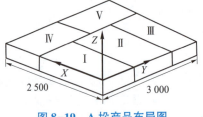

图 8-19　A 垛产品布局图

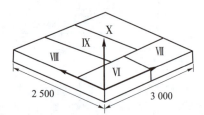

图 8-20　B 垛产品布局

第一层码垛示教完毕，第二层只需在第一层的基础上将 Z 方向加上产品高度 40 mm 即可，示教方式如同第一层，第三层可调用第一层程序并在第二层的基础上加上产品高度，第四层可调用第二层程序并在第三层的基础上加上产品高度，以此类推，之后将编写程序存入运动指令中。

任务引入

机器人视觉系统由智能相机系统、机器人两大部分组成。其中智能相机系统由智能相机、集成光源、信号电缆及配套软件组成。智能相机负责图像的采集与处理，并将处理结果通过以太网发送至机器人，机器人系统负责触发相机拍照并接收图像处理结果，实现引导抓取动作。

本任务基于"1+X"ABB 工业机器人综合实训平台，如图 8-21 所示。以康耐视 In-Sight 7010 智能相机为例，搭建典型的工业机器人视觉系统，相机实物及技术参数，如图 8-22 所示。

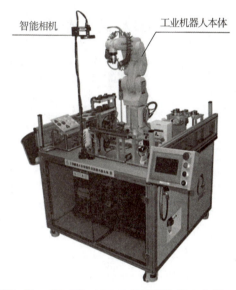

图 8-21 "1+X" ABB 工业机器人综合实训平台

视觉系统技术参数：

型号	In-Sight 7010
大小	75 mm×55 mm×47 mm
外壳	IP67；压铸钢
连接器	工业级 M12 连接器
光学件配置	C 接口；自动聚焦
光源	外部照明集成电源
速度	2x
图像捕捉率	102
分辨率（像素）	800×600

图 8-22 康耐视 In-Sight 7010 智能相机实物及技术参数

 任务目标

知识目标	能力目标	素质目标
掌握智能视觉系统的组成、编程与调试方式	（1）能够对智能相机进行配置及组态； （2）能够编写及调试智能视觉系统程序	（1）通过课程的学习使学生增长见识，激发兴趣； （2）培养学生遵守行业规范、细致操作的敬业精神

 知识链接

一、视觉系统工作原理

当系统启动运行后，相机与工业机器人之间需要配合作业，其工作流程如图8-23所示。

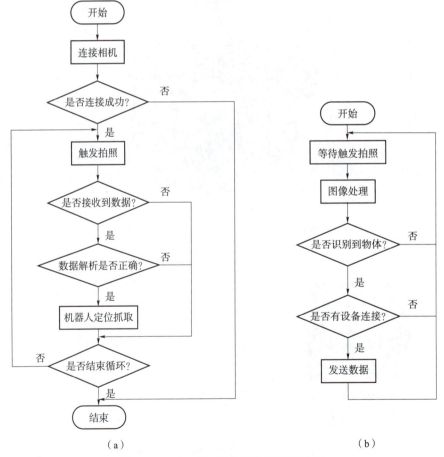

（a）　　　　　　　　　　　　　（b）

图8-23　工业机器人视觉系统工作流程

（a）工业机器人运行流程；（b）相机工作流程

工业机器人视觉引导系统的工作流程如下。

（1）相机连接：相机作为服务器，工业机器人作为客户端主动连接相机。

（2）输出脉冲：工业机器人连接成功后输出脉冲信号触发相机拍照。

（3）数据传输：相机拍照完成后进行图像处理，识别到物体后将位置数据发送至工业机器人，未识别到物体则不会发送数据。

（4）数据处理：工业机器人接收到数据后对数据进行解析，确认位置正确后执行抓取任务，未接收到数据或数据不符合要求时则跳过抓取任务。

（5）结果判断：完成任务后判断是否需要结束循环，如果是则结束当前循环，否则跳转至步骤（2）。

二、相机连接

通过软件自动搜索相机，并设置计算机及相机 IP 地址为同一网段，具体操作步骤如表 8-7 所示。

表 8-7　相机连接步骤

步骤	说明	软件界面
（1）设置计算机 IP	用网线连接计算机和相机，计算机端 IP 需要与相机设置在同一网段，对计算机的 IP 地址及子网掩码进行设置，本系统分配相机的 IP 为 192.168.8.3，子网掩码为 255.255.255.0。	
（2）搜索相机	①打开软件，右键单击左上角"In-Sight 传感器"栏，在弹出菜单中选择"添加传感器/设备"选项。	
	②软件会自动搜索相机，等待即可。	
	③如果长时间无法找到相机，可将相机重新上电，然后再次尝试连接设备。	

步骤	说明	软件界面
（2）搜索相机	④找到相机后选中，在右侧"属性"栏设置网络连接属性。其中主机名可以是默认，IP地址和子网掩码必须设置。在演示程序中相机IP为192.168.8.3，子网掩码为255.255.255.0，如非必要，不做修改，保留当前值即可。	
	⑤设置完成后单击"应用"按钮，弹出对话框要求确认，单击"确定"按钮即可。	
	⑥参数写入需要等待一段时间，见进度条	
	⑦写入完成后会弹出对话框，单击"确定"按钮关闭对话框，然后单击"关闭"按钮退出添加传感器/设备界面。	
	⑧如果添加成功，在"In-Sight"网络中就可以看到刚才添加的相机了，名称就是之前输入的主机名。	

三、工具设置

相机采集图像之后需要通过一系列图像处理工具的组合应用，生成所需要的结果输出，本任务需要得出工件的位置，采用"定位部件"下的工具实现。具体操作步骤如表8-8所示。

表 8-8　工具设置操作步骤

学习笔记

步骤	说明	软件界面
（1）图像设置	①双击刚才添加的相机链接，单击"设置图像"菜单。	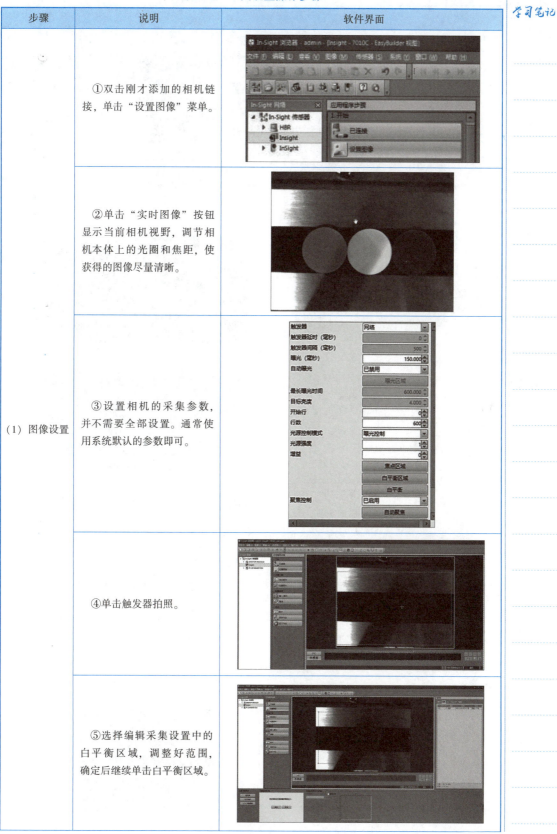
	②单击"实时图像"按钮显示当前相机视野，调节相机本体上的光圈和焦距，使获得的图像尽量清晰。	
	③设置相机的采集参数，并不需要全部设置。通常使用系统默认的参数即可。	
	④单击触发器拍照。	
	⑤选择编辑采集设置中的白平衡区域，调整好范围，确定后继续单击白平衡区域。	

步骤	说明	软件界面
（2）定位工具	①通常智能相机的识别特征是工件的位置和颜色等属性，其中位置是最主要的属性。在知道工件位置的前提下才能识别工件的其他属性。在本系统中，所有工件都是圆形，使用图案识别工具定位工件。单击"设置工具"栏下的"定位部件"菜单，添加图案识别工具。	
	②设置搜索框到合适的位置，图中外框是工件搜索区域设置，尽量覆盖工件可能出现的区域，可以使用鼠标边框拖动范围；内框是工件的识别区，设置区域比工件略大，避免误识别。	
	③单击搜索框选中模型区域，然后单击"训练图像"栏的"训练"按钮，学习要识别的形状。	
	④有三种颜色的工件，所以建立三个定位工具。	
（3）颜色识别工具	①单击"检查部件"菜单，选择"产品识别工具"下的"颜色"菜单进入颜色识别设置。	
	②对于区域类型，在下拉菜单中选择"圆"。拖动框到如右图合适的大小和位置，不需要完全覆盖图像；框的大小和颜色识别没有直接联系，贴近工件形状可以尽量覆盖可能出现的颜色范围。	

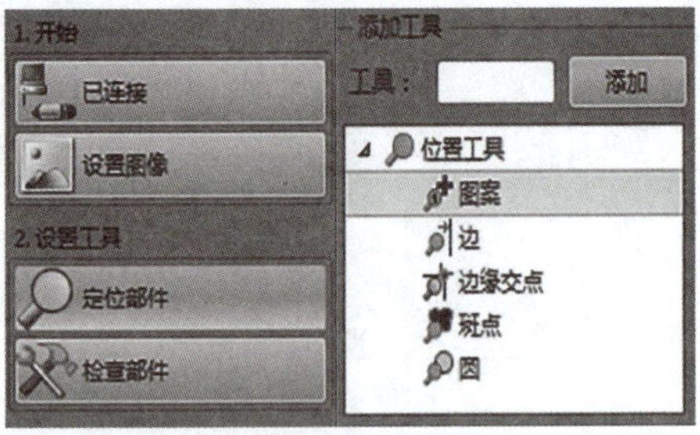

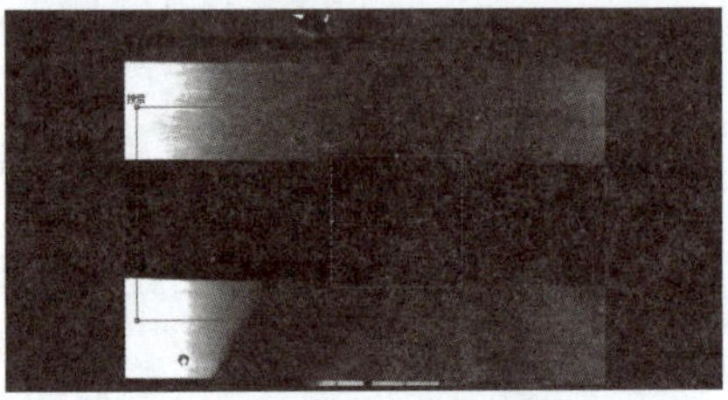

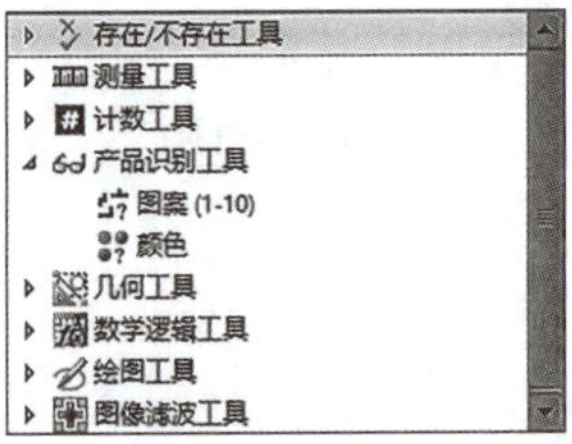

步骤	说明	软件界面
(3) 颜色识别工具	③双击右侧"颜色识别1","工具定位器"选择"产品识别工具",选择颜色,然后单击"训练颜色"→"加上新颜色"按钮。	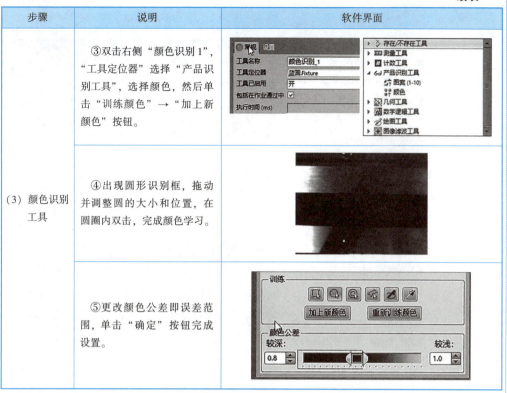
	④出现圆形识别框,拖动并调整圆的大小和位置,在圆圈内双击,完成颜色学习。	
	⑤更改颜色公差即误差范围,单击"确定"按钮完成设置。	

四、通信设置及下载运行

康耐视 In-Sight 7010 相机支持多种通信协议,本项目以 PROFINET 方式通过 Socket 进行数据交互。需要设置通信协议、保存作业。设置自动运行后,工程将通电自动运行,操作步骤如表 8-9 所示。

表 8-9　运行操作步骤

步骤	说明	软件界面
(1) 数据设置	①单击"配置结果"栏中的"通信"菜单,选择"添加设备"选项。	
	②设备选择"PLC/Motion 控制器",制造商选择"Siemens",协议选择"PROFINET",完成后单击"确定"按钮。	

步骤	说明	软件界面
（1）数据设置	③在"通信"栏选中刚才添加的"PROFINET"协议，选择"格式化输出数据"项，单击"添加"按钮；本系统中相机无输入数据，不需要配置输入。	
	④找到"红，通过"选项，单击"确定"按钮。其他颜色同样设置，如果有其他属性需要输出，也在这里选择添加。	
	⑤添加完成后可以在"格式化输出数据"中看到添加的数据，注意：数据为字节型。	
（2）协议设置	①单击"传感器"菜单下"网络设置"项。	
	②在"实时以太网协议"栏中选择"PROFINET"，然后单击"设置"按钮弹出"PROFINET 设置"界面。	
	③选中"启用 PROFINET 站名"复选框，然后单击"确定"按钮返回网络设置界面，单击"确定"按钮保存并退出网络设置。	

步骤	说明	软件界面
（3）程序下载	①单击"保存作业"栏，选择"另存为"命令。	
	②根据需要选择保存位置，首先是相机，也就是 Insight 传感器，相机保存过后还可以保存在本地计算机中备份。	
（4）启动设置	在"启动选项"栏中选中"在联机模式下启动传感器"复选框，这样相机在连接 PLC 后能够自动启动程序。	

五、程序编写及调试

用户在创建程序前，需要对程序的概要进行设计，要考虑工业机器人执行所期望作业的最有效方法，在完成概要设计后，即可使用相应的工业机器人指令来创建程序。程序创建一般通过示教器进行。

1. Soket 的介绍和使用

在开通 PC Interface 功能选项的 ABB 机器人系统中，机器人控制系统将包含"soketdev"的数据类型，该数据类型作为通信的处理器，同时在程序编辑器"Communicate"类别下将出现 Soket（套接字）指令用于同其他计算机进行网络通信。

在计算机通信领域，Socket 被翻译为"套接字"，它是计算机之间进行通信的一种约定或一种方式。通过 Socket 这种约定，一台计算机既可以接收其他计算机的数据，也可以向其他计算机发送数据。Socket 通信需要一个服务端和一个客户端，服务端需要先建立，然后开启监听模式，客户端通过发送握手连接请求，握手成功后才能进行通信。

ABB RAPID 编程支持 Socket 通信的同时支持服务端和客户端。当工业机器人作为客户端时常用如表 8-10 所示指令。

表 8-10　常用 Socket 指令

序号	名称	功能
1	SocketCreat	创建通信套接字
2	SocketConnect	连接到远程计算机（仅客户端使用）
3	SocketReceive	接收远程计算机发送来的数据
4	SocketSend	发送数据到远程计算机
5	SocketClose	关闭套接字的连接

2. 程序设计

本项目中使用智能相机对识别区域内物料进行定位和颜色识别，引导工业机器人将所需物料抓取并移动到需要的角度，然后全部搬运至指定位置。ABB 工业机器人以 main 主程序作为程序入口，为了使程序结构更加清晰，将程序按功能分为 3 个例行子程序，分别执行不同的功能，由 main 主程序进行调用，并根据返回结果对整个程序运行结果进行控制，程序结构如图 8-24 所示。

图 8-24　程序结构

相机程序如图 8-25 所示。

在完成程序编写和坐标系标定后，就可以进行相机与工业机器人之间的联机调试。初次进行联机调试时，要将工业机器人速度设置为低速，建议速度设为 20%，模式使用"手动模式"。调试过程中实时观察工业机器人动作路径，看是否按照预期的路径动作。根据动作偏差、识别偏差，调整工业机器人的程序、点位等内容。

```
MODULE Module2CAM
    VAR socketdev socket1;········//通信 soket
    VAR string string1:="";········//字符串数据类型
    VAR bool ok=FALSE;···//
    VAR num jd=0;·············//相机角度
    VAR num lx=0;·············//工件类型

PROC xj ()
 Tx ···//调用通信
 Pz ···//调用拍照
    ENDPROC

    PROC tx()
        SocketClose socket1;········//关闭套接字
        SocketCreate socket1;·······//打开套接字
        SocketConnect socket1, "192.168.101.50", 3010;···//建立连接
        SocketReceive socket1\Str:=string1;······//接收数据
        SocketSend socket1\Str:="admin\0d\0a";····用户名
        SocketReceive socket1\Str:=string1;·····//接收数据
        SocketSend socket1\Str:="\0D\0A";··········密码
        SocketReceive socket1\Str:=string1;·····//接收数据
    ENDPROC

    PROC pz()
        SocketSend socket1\Str:="sw8\0d\0a";······拍照
        SocketReceive socket1\Str:=string1;·····//接收数据
        WaitTime 4;
        SocketSend socket1\Str:="GVF.pass\0d\0a";···发送获取获取定位器通过
        SocketReceive socket1\Str:=string1;·····//接收数据
        string1:=StrPart(string1,4,StrLen(string1)--3);··截取字符串数据
        ok:=StrToVal(string1,lx);·················

        SocketSend socket1\Str:="GVF.Fixture.Angle\0d\0a";
        SocketReceive socket1\Str:=string1;·····//接收数据
        string1:=StrPart(string1,4,StrLen(string1)--3);···截取字符串数据
        ok:=StrToVal(string1,jd);·············将字符串转化为机器人角度
    ENDPROC

ENDMODULE
```

图 8-25 相机程序

<h2>项目工单（八）</h2>

组名：	组员：	学号：	组内评价：	成绩：

任务描述：应用 ABB 机器人实训平台搭建机器人视觉系统，对输送机上的工件进行颜色等信息检测，并把识别的位置、颜色等特征数据传送给 PLC 和工业机器人，由工业机器人根据目标执行相应的夹持动作。

任务目的：（1）掌握机器人程序的编写与调试。

（2）能够独立完成相机软件的调试。

（3）掌握智能识别系统的搭建。

任务实施：

（1）组织学生在工业机器人实训室中根据 ABB 工业机器人实训平台中的康耐视 In-Sight 7010 智能相机进行组态调试。

（2）编写程序，并调试成功，完成机械臂对符合要求的工件进行夹持并放入仓库的功能。

学习笔记

检查与评估

反馈信息描述	产生问题的原因	解决问题的方法	评估结果

能力提高：

（1）进一步优化程序，提高程序可读性与可靠性。

（2）在面板中添加触摸屏，并进行组态，搭建全自动化智能工件识别系统。

指导教师评语：

任务完成人签字：　　　　　　　　　　　日期：　　　年　　月　　日

习题

1. 目前工业机器人编程方式主要有_____、_____两种。

2. RAPID 程序的基本框架包含_____和_____两部分。

3. 常见关节式码垛机器人本体多为_____轴。

4. 离线编程系统与示教编程相比，具有哪些优点？

5. ABB 机器人基本运动指令有哪几种？

6. 简述工业机器人视觉系统的工作原理。

参 考 文 献

［1］ 张明文，何璐欢. 工业机器人视觉技术及应用［M］. 北京：人民邮电出版社，2022.

［2］ 双元教育. 工业机器人技术基础［M］. 北京：高等教育出版社，2021.

［3］ 刘韬，葛大伟. 机器视觉及其应用技术［M］. 北京：机械工业出版社，2022.

［4］ 张宪民. 机器人技术及其应用［M］. 2 版. 北京：机械工业出版社，2021.

［5］ 兰虎，鄂世举. 工业机器人技术及应用［M］. 北京：机械工业出版社，2021.

［6］ 朱洪前. 工业机器人技术［M］. 北京：机械工业出版社，2021.